Dieses Buch beleuchtet die verschiedenen Ursachen für das Zustandekommen menschlichen Versagens. Die Physik der Sinne, die Physiologie unseres Gehirns, die Psychologie unseres Handelns, die soziologische Komponente und die Erkenntnistheorie werden dargelegt.

Anhand konkreter Beispiele aus der Luftfahrt, der Seefahrt und der Atomreaktortechnik werden Fehlerursachen in diesen hochkomplexen technischen Systemen untersucht.

Zusammenfassend werden die Maßnahmen zur Vermeidung zukünftiger Unfälle und Katastrophen – im Wesentlichen hergeleitet aus der Erfahrung mit vorhergehenden katastrophalen Ereignissen – dargestellt.

© 2020 Jürgen Schäfer

Autor: Jürgen Schäfer
Umschlaggestaltung: Jürgen Schäfer
Illustration: Astrid Welke, Max Drews, Jürgen Schäfer
Lektorat, Korrektorat: Maike Schäfer, Felicitas Casellas

Verlag & Druck: tredition GmbH, Halenreie 40-44, 22359 Hamburg
ISBN: 978-3-347-10053-4

Bibliografische Information der Deutschen Nationalbibliothek:
Die Deutsche Nationalbibliothek verzeichnet diese Publikation in der Deutschen Nationalbibliografie; detaillierte bibliografische Daten sind im Internet über http://dnb.d-nb.de abrufbar.

Was tun, wenn der Vogel nicht singen will?

Nobunaga antwortet: „Töte ihn!"
Hideyoshi antwortet: „Erwecke in ihm den Wunsch zu singen"
Ieyasu antwortet: „Warte ab."

Japanisches Gedicht[1]

---

[1] Als Beispiel dafür, wie die gleiche Ausgangssituation zu drei grundverschiedenen Reaktionen führen kann.

VORWORT

Seit vielen Jahren faszinieren mich die Berichterstattung über Katastrophen, vor allem wegen der möglichen Ursachen, beziehungsweise die Entstehungsgeschichte dieser Ereignisse. Vor allem bei den „menschengemachten" Ursachen in der von Menschen „erschaffenen" Technik habe ich immer wieder versucht, zu verstehen, wie die Vorgänge vor der Katastrophe abgelaufen sind bis zu dem Zeitpunkt, wo das Eintreten der Katastrophe nicht mehr verhindert werden konnte. Dabei stößt man auf eine Vielzahl von verschiedenen Gründen, die teils auch gemeinsam „wirken" und – wie es immer wieder heißt - zu einer „unglücklichen Verkettung von Ereignissen" führen, die in der Katastrophe münden.

Die Ursachen sind auch in verschiedenen Wissenschaftsdisziplinen zu suchen und zu finden, wie der Titel des Buches darlegt. Über viele Jahre habe ich Ausschnitte gesammelt, Bücher zu dem Thema gelesen und letztendlich all dies zu dem vorliegenden Buch zusammengefasst. Ich habe mir vorgenommen, dem interessierten Laien zunächst die gesamten Hintergründe unseres Handelns auszuleuchten und dann an konkreten Beispielen darzulegen, wie Unfälle in der Luftfahrt, in der Schifffahrt und in Atomreaktoren zustande gekommen sind.

Ich habe mich bemüht, dieses Thema allgemeinverständlich darzulegen und das Nachfolgende ist vor allem interdisziplinär zu sehen, nämlich als verschiedene Ansichten derselben Auswirkungen von Fehlern aus den Sichten der verschiedenen Wissenschaftsdisziplinen.

Danken möchte ich hier Felicitas Casellas und meiner Tochter Maike für die kritische Durchsicht des Manuskripts und allen meinen Freunden aus den verschiedenen Disziplinen (Physiker, Physiologen, Ärzte, Juristen, Ingenieure etc.), mit denen ich viele Gespräche zu diesem Thema führen konnte und die mir mit Erfolg dazu verholfen haben, meine zweidimensionale Weltsicht als Physiker und als Elektroingenieur um mehrere Dimensionen zu erweitern.

Weiterhin möchte ich meinem Freund Max Drews aus Lübeck danken, der die Kreidezeichnungen Katastrophe, Apokalypse und Nemesis beigetragen hat.

Für das Bild „Die Ansage" danke ich meiner Schwägerin Astrid Welke.

Alle Fotos sind „selbst geschossen" die Graphiken sind selbst erstellt.

Das Titelbild ist „Der Schrei" von Edward Munch als Allegorie auf den Menschen, der sich darüber bewusst wird, dass sein Fehler in eine Katastrophe geführt hat.

Aachen im Juni 2020

Jürgen Schäfer

INHALT

Einleitung

Wie ich starr und heiser ward vor Grauen,
Darüber schweigt, o Leser, mein Bericht,
Denn keiner Sprache lässt sich dies vertrauen.
Nicht starb ich hier, auch lebend blieb ich nicht.[2]

Wir Menschen sind stolz darauf, dass wir uns die Welt – auch und ganz wesentlich mit Hilfe der Technik – sicherer, bequemer, grösser und offener und damit, allegorisch ausgedrückt, zur Untertanin gemacht haben. Dies ist sicher weitgehend der Fall, da wir mit unserer „natürlichen Grundausstattung" nicht so weit reisen könnten, und nicht so bequem in unseren Häusern und Wohnungen durch alle Jahreszeiten kommen würden. Nicht zuletzt hat auch die Medizin aufgrund der Technik sehr viele neue Möglichkeiten der Heilung, der Schmerzlinderung und der Verhinderung von Sterbefällen geschaffen. Gleichwohl ist es immer auch wichtig gewesen, die Technik auch wirklich zu „beherrschen" – im wahrsten Sinn ihr „Herr" zu sein, d.h. sie wirklich zum Untertanen des Menschen zu machen, die auch genau das umsetzt, was wir Menschen ihr aufgeben. Die Reaktortechnik hat sich z. B. spätestens seit Tschernobyl 1987 als eine Büchse der Pandora erwiesen, oder auch als der Geist aus der Flasche, der nicht mehr zur Rückkehr zu bewegen ist.[3] Auch müssen wir stets verhindern, dass die Technik ein „Eigenleben" entwickelt und uns damit eventuell mehr schadet als nützt.

---

[2] Dante Alighieri: Die göttliche Komödie (ca. 1307 – 1321).

[3] Der Geist aus der Flasche, weil es die erste „menschengemachte" Katastrophe ist, deren Nachwirkungen noch über viele kommende Generationen anhalten wird.

Wie oft haben wir in der Zeitung gelesen, in den Nachrichten gehört oder im Fernsehen gesehen, dass sich Unfälle oder auch Katastrophen ereignet haben, deren Ursache „menschliches Versagen" war. Das Spektrum dieser Unfälle und Katastrophen erstreckt sich von einfachen Verkehrsunfällen bis hin zu komplexen Katastrophen wie Nuklearunfälle oder Flugzeugabstürze. Der logische Gegenpart zu dem angeblichen menschlichen Versagen – denn offensichtlich brauchen wir aufgrund unseres anerzogenen oder vielleicht auch angeborenen Ursache / Wirkung-Denkens für Alles eine Ursache – wäre ein „technisches Versagen". Dies wäre wiederum auch genau zu hinterfragen, da die Technik per se ja nicht versagen kann, versagen kann allenfalls das, was wir der Technik als Menschen „aufgegeben" haben, bzw. eine falsche Konstruktion oder Planung etc. Die Technik folgt sozusagen auf Schienen den Naturgesetzen. Um bei dem Bild zu bleiben: Wir Menschen haben Weichen in diese Schienen integriert, die wir auch aktiv bedienen, damit wir die Technik in die eine oder andere Richtung „lenken" können. Der Lokomotivführer bzw. der Zug (in diesem Bild die Technik) kann den Weg nicht ändern und er ist somit auch nicht dafür verantwortlich, wo es hingeht, nur der Weichensteller, in diesem Bild der Mensch, kann den Weg bestimmen, in die richtige, aber auch in die falsche Richtung.

Dieses Buch wendet sich insbesondere an interessierte Laien, die an Technik an sich und an der Nutzung der Technik durch die Menschen interessiert sind, insbesondere in den Fällen, die wir hier näher beleuchten wollen, in dem die Technik „aus dem Ruder läuft".[4] Es ist also insofern kein Buch für Fachleute, aber es kann durchaus auch Fachleuten – hoffentlich – neue Denkansätze bieten, bzw. weiterführende Quellen für die wichtige Arbeit der Unfallprävention aufzeigen.

Kernbereich der Technik ist die Maschine, abgeleitet vom Griechischen „mechanè" = List, was soviel wie „Betrug" heißt, gemeint ist hier der Betrug an der Natur oder - positiv ausgedrückt - ihre Überlistung zu unserem Nutzen.

Martin Burckhard hat in seinem Buch „Philosophie der Maschine" dieses Kernelement der Technik eingehend analysiert:

> ...kommt es im Zeichen der Maschine zu einer Entzauberung, bei der vor allem Betrug an der Natur, also <u>die Selbstermächtigung des Menschen,</u> dominiert.

> Die Maschine ist, was die Natur nicht ist, sie ist der Gedanke, mit dem sich die Natur überlisten lässt: Ein philosophischer Trickser sozusagen, „der Geist, der stets verneint! / Und das mit Recht; denn alles was entsteht / Ist wert, dass es zugrunde geht" – wie es in Goethes Faust heißt.[5]

---

[4] Es ist interessant, dass dieser Begriff aus der Schifffahrt stammt (gemeint ist hier, dass das Schiff dem Ruderbefehl aus welchen Gründen auch immer nicht mehr folgt) und – als Metapher – auf weitere Störfälle ausgedehnt wurde.

[5] Burckhard S. 41

Martin Burckhard unterscheidet auch zwischen einer trivialen und einer nichttrivialen Maschine:

> *Demnach ist die triviale Maschine dadurch gekennzeichnet, dass man auf einen bestimmten Input immer den gleichen, stumpfsinnigen Output erwartet; eine nichttriviale Maschine hingegen kann, je nach Situation, unterschiedliche, gegebenenfalls auch unvorhersagbare Ergebnisse zeitigen.* [6]

Damit ist die nichttriviale Maschine aber auch sehr stark „fehlergefährdet", vor allem wenn sie unvorhersehbare Ergebnisse produziert. Für unsere Zwecke ist hier wichtig festzuhalten, dass eine Maschine (oder eine Anlage, ein Gerät oder eine Einrichtung) eine menschliche „Erfindung" zur Überwindung der Natur darstellt, das gilt für Flugzeuge, mit denen wir fliegen können, für Schiffe, mit denen wir über das Meer reisen können und für Atomkraftwerke, mit denen wir Strom erzeugen. Alle drei „Ergebnisse" können wir mit unseren natürlichen Kräften nicht erreichen – dafür brauchen wir die Maschinen. Da diese komplexen Maschinen in der Regel nichttriviale Maschinen im Sinne von Burckhardt sind, können sie zu verschiedenen Ergebnissen führen, je nachdem wie sie bedient werden oder abhängig von Randbedingungen, die wir entsprechend beeinflussen müssen, damit unser „Wunschergebnis" erzeugt wird.

> *Wenn die Maschine als Betrug an der Natur begriffen wird, besteht ihr Ziel stets darin, einen Körper dergestalt umzuformen, dass er seine ursprüngliche, mangelhafte Fasson überwindet.* [7]

Die Maschine / die Anlage / die Apparatur steht zwischen dem Menschen und der Natur und befähigt den Menschen, die Natur mehr zu beherrschen, als es ihm von seiner evolutionären Grundausstattung her möglich wäre.

Im Folgenden soll es wohlgemerkt nicht um triviale Fälle gehen, wie beispielsweise das Einschlafen eines Autofahrers, der dadurch einen Unfall verursacht oder auch um das grobe und meist auch vorsätzliche Missachten bekannter Vorschriften und unkorrekte Verhaltensweisen wie z.B. das Überqueren von Gleisen im Bahnhof, um den Weg abzukürzen. Es soll auch nicht um Unfälle oder Katastrophen gehen, deren Ursachen im Psychopathologischen liegen (Suizid beispielsweise) oder in einer kriminellen Handlung (Terrorismus beispielsweise). Es geht vielmehr um das Versagen (ob im Einzelfall richtig oder nicht wird noch zu erörtern sein) von in irgendeiner Weise – direkt und auch indirekt - verantwortlichen Menschen in komplexen und hochkomplexen technischen Umgebungen, wie beispielsweise Flugzeuge, Atomkraftwerke und Schiffe, sowohl unmittelbar, z.B. durch Bedienungsfehler, als auch mittelbar, z. B. durch falsche Konstruktion.

---

[6] Burckhard, S. 131-132.

[7] Burckhard, S. 163.

Im allgemeinen Sprachgebrauch wird das hier behandelte Verhalten gewöhnlich als „fahrlässig"[8] bezeichnet. Dabei unterscheidet man im juristischen Bereich zwischen einer strafrechtlichen und einer zivilrechtlichen Kategorisierung dieses Begriffes:

Im Strafrecht grenzt sich die Fahrlässigkeit vom bedingten Vorsatz ab, bei dem man „bewusst in Kauf" nimmt, dass etwas geschieht. Am besten umschreiben kann man die einfache Fahrlässigkeit[9] durch die Umschreibung „ein Moment der Unaufmerksamkeit", der bildlich treffend beschreibt, dass ihm kein Denkprozess vorausgeht, und die Reaktion in diesem Moment – quasi spontan – erfolgt. Aber natürlich sind die Grenzen hier fließend zwischen fahrlässig, grob fahrlässig, bedingtem Vorsatz etc. Diese juristischen Kategorisierungen sollen uns im Weiteren aber nicht interessieren, hier geht es um die allgemeine Mechanik bzw. um die Mechanismen, durch die ein Fehler, ein Unfall oder eine Katastrophe entstehen kann.

Auch natürliche Ereignisse als Ursache von Unfällen oder Katastrophen wollen wir hier nicht behandeln, wie beispielsweise einen Vulkanausbruch oder einen Orkan. Allerdings ist hier gleichwohl regelmäßig zu hinterfragen, ob die Menschen oder die Organisationen bei der Prävention oder – wenn das Ereignis bereits eingetreten ist – bei der Minimierung der Folgeschäden nicht „versagt" haben, wie beispielsweise ungenügendes Training für Löscharbeiten im Fall von Waldbränden oder eine nicht funktionierende, weil nicht richtig geplante Evakuierung nach einem Vulkanausbruch. Dazu würde auch das mögliche Versagen der Verantwortlichen bei der Corona-Pandemie im Jahr 2020 gehören, und das sowohl beim Ausbruch als auch bei der weiteren Behandlung des Problems. Das wird im Laufe der Zeit sicher noch detailliert untersucht werden.

Bei einer ganzheitlichen Betrachtung ist auch wichtig, verschiedenste Szenarien und Ereignisse zu beleuchten. Das reicht vom spontanen Handeln eines Einzelnen (oder auch vom Fehlhandeln) bei einer außergewöhnlichen Situation im Verkehr, bis hin zu einem kollektiven Versagen bei der Verhinderung der uns sehr wahrscheinlich bevorstehenden Klimakatastrophe. Es ist offensichtlich, dass es auch in der Einzelbetrachtung verschiedene Ursachen geben muss bei solch einer Vielzahl von Szenarien. Denn es gibt Handlungen (Achtung: Auch Nichthandeln kann ein Versagen sein), die man als spontane, unbewusste Reaktion beschreiben kann, vor allem natürlich im Kurzfristbereich und solche, die auch nach mehr oder weniger langer Überlegungsphase trotzdem zu einem Versagen führen.

Das Versagen muss auch nicht ausschließlich ein Tun oder ein Unterlassen aufgrund eines äußeren Impulses sein, es kann sich auch um ein falsches Denken – also um einen inneren Impuls - handeln, bei dem sich das daraus resultierende Tun oder Nicht-Tun als ein Versagen erweist. Das gilt z.B. für einen Schachspieler, der auch nach langer Überlegung einen fatalen Zug macht, da liegt das Versagen nicht in dem Zug an sich, sondern in dem Denken davor (eine Katastrophe in diesem Fall aber eng begrenzt auf den Schachspieler).

---

[8] Kluge, S. 271: *„Zu mittelhochdeutsch „varn lan" für „fahren lassen, vernachlässigen", als Ausdruck in der Rechtssprache gebildet.*

[9] Fahrlässigkeit setzt voraus, dass der „Schuldige" die negativen Konsequenzen seines (Nicht-)Handelns hätte voraussehen müssen – im Unterschied zur unbewussten Fahrlässigkeit: „Das kann ja jedem mal passieren". Weiterhin gibt es im Zivil- und im Versicherungsrecht den Unterschied zwischen einfacher und grober Fahrlässigkeit, das soll hier aber weiter kein Thema in unserem Zusammenhang sein.

Auch mit der ursprünglichen Bedeutung des Wortes „Versagen" muss man sich auseinandersetzen: Wie ist das definiert? Es ist im Übrigen ein Wort mit zwei Bedeutungen:

1. Im Sinne von „verweigern, absagen", das ist die ältere und heute kaum noch genutzte Version (etwas versagen, sich etwas versagen).

2. Im Sinne von „nicht zurechtkommen, die Erwartungen nicht erfüllen", das ist die heute vorherrschende Bedeutung. Sie beruht auf einer Verschiebung des Gesichtswinkels, wie etwa „die Erwartungen enttäuschen".

Weitere offene Fragen:

- Wer kann versagen? Ein Individuum, eine Gemeinschaft (bestehend aus Individuen), eine Organisation, ein Apparat, eine Maschine?

- Wer definiert ein Versagen? Ein Regelwerk, eine Ethik, eine Moral, ein Richter, eine Erwartungshaltung, ein Individuum, eine Gemeinschaft?

Manche gehen soweit, zu behaupten (und auch nach deren Überzeugung zu belegen), dass menschliches Fehlverhalten per se niemals ausgeschlossen werden kann. Hier sei als Beispiel ein Zitat von Charles Perrow angeführt:[10]

> *...I will dwell upon characteristics of high-risk technologies that suggest that no matter how effective conventional safety devices are, there is a form of accident that is inevitable. This is no good news for systems that have high catastrophic potential, such as nuclear plants, nuclear weapons systems, recombinant DNA production, or even ships carrying highly toxic or explosive cargoes.[11]*

Vielfach wird auch die Komplexität von Systemen als eine der Ursachen angeführt. Aber auch komplexe Systeme müssen am Ende beherrschbar sein und die Komplexität an sich darf keine Entschuldigung sein – im Sinne vom Verlust der Übersicht über die Vorgänge. Komplexe Vorgänge müssen deshalb in kleinere Einheiten aufgebrochen werden, die auf mögliches Fehlverhalten hin analysiert werden müssen. Hier sind die Organisationen oder die Behörden angesprochen, die mit entsprechenden Regelwerken und Vorschriften die Komplexität (hoffentlich) soweit transparenter und damit handhabbarer gestalten können, dass durch die Komplexität von Systemen allein noch keine Katastrophe entstehen kann – oder anders ausgedrückt: Komplexität an sich darf niemals eine Begründung für ein Versagen sein.

Um alle diese Fragen in dieser Abhandlung beantworten zu können müssen wir uns zunächst mit der Basis allen Handelns oder Nichthandelns befassen, das ja letztendlich entweder zu

---

[10] Perrow, S. 3.

[11] Auf Deutsch (eigene Übersetzung): „*Ich werde auf die Merkmale risikoreicher Technologien eingehen, die darauf hindeuten, dass unabhängig davon, wie wirksam konventionelle Sicherheitsvorrichtungen sind, es immer unvermeidliche Unfälle gibt. Das ist keine gute Nachricht für Systeme, die ein hohes Katastrophen-Potenzial haben, wie z.B. Atomkraftwerke, Kernwaffensysteme, rekombinante DNA-Produktion oder sogar Schiffe, die hochgiftige oder explosive Ladungen transportieren.*"

einem normalen Prozess führt, oder zu einem Versagen. Denn grundsätzlich kann ja von Versagen nur dann die Rede sein, wenn eine Entscheidung für eine Handlung von einem Menschen (oder von einer Organisation) bewusst oder unbewusst – auch das muss hinterfragt werden – getroffen wird, die nicht alternativlos ist. Dazu werden wir uns im ersten Kapitel mit der Erkenntnistheorie auseinandersetzen, insbesondere wie unser Bewusstsein bzw. unser Gehirn zu einer Erkenntnis gelangt und wie diese dann – wenn überhaupt – in Aktionen oder Nichtaktionen umgesetzt wird, die u.U. zum Versagen führen.

Der nächste Komplex, den es zu beleuchten gilt, ist die Frage nach „Richtig / Falsch", zunächst im mathematischen, dann im philosophischen / theoretischen und letztlich auch im praktischen Sinn. Damit werden wir uns im zweiten Kapitel auseinandersetzen.

Ist einer Wirkung immer und ausnahmslos dieselbe Ursache zuzuordnen? Können einer Ursache nicht mehrere Wirkungen folgen – sind die Wirkungen immer „erzwungen"? Ist immer eine Kausalität vorhanden? Diese Fragen sowie die prinzipiellen Ursachen der menschlichen Fehlentscheidungen sind Gegenstand des dritten Kapitels. Sie können im bewussten Handeln oder Nichthandeln liegen, sowie im unbewussten Handeln. Auch kriminelles Verhalten ist ein Versagen gegenüber einer bestehenden Rechtsnorm, das soll aber - wie bereits ausgeführt - hier kein Gegenstand der Analyse sein, hier stehen technische Systeme und damit zusammenhängend im wesentlichen fahrlässiges Fehlverhalten im Mittelpunkt.

Die wichtigste Erkenntnis aus dem davor Dargelegten wird im vierten Kapitel an praktischen Ereignissen herausgearbeitet: Wie kann man – natürlich nur weitestgehend, aber niemals vollkommen – verhindern, dass menschliches Versagen zu Unfällen und Katastrophen führt? Leider – und in gewissem Sinn auch Gott sei Dank - ist es in der Tat so, dass man erst aus Unfällen und Katastrophen lernt, oder zumindest lernen könnte, die dabei entdeckten Fehler zukünftig zu vermeiden. Sicher haben die Menschen mit vielfältigen Regelwerken und Sicherheitsvorschriften, mit Checklisten und auch mit persönlicher Erfahrung und der Routine der am Prozess beteiligten Menschen große Forstschritte gemacht. Eine 100%ige Sicherheit wird es allerdings nie geben, wir nähern uns der 100%-Marke von unten zwar immer mehr an („asymptotisch"), aber wir werden sie sicher niemals erreichen, dessen müssen wir uns immer bewusst sein. Es geht also bei der Erforschung der Ursachen nicht nur darum, die Verantwortlichen zu identifizieren und möglicherweise zu belangen, sondern es geht – ganz wesentlich – auch darum, daraus Rückschlüsse zur Vermeidung zukünftiger Unfälle oder Katastrophen zu ziehen.

Es ist kein Zufall, dass die Darstellungen und die Analysen der Unfälle und Katastrophen aus dem Bereich der Luftfahrt hier einen größeren Raum einnehmen als diejenigen aus der Schifffahrt und der Atomreaktortechnik. Dies ist im Wesentlichen dadurch begründet, dass diese zu einem sehr viel eingehender durch offizielle Berichte untersucht werden, und dementsprechend in der Regel auch besser dokumentiert sind, zum anderen ist die Nachvollziehbarkeit der Ereignisse zumindest bei Flugunfällen und bei Schiffskatastrophen besser möglich, weil die Vorgänge uns aus unserer Erfahrung her transparenter erscheinen als z.B. bei der Technik der Atomreaktoren (bei diesen steht der extrem hohe Komplexitätsgrad im Fokus). Dass es aber gleichwohl sinnvoll ist, drei Bereiche darzustellen, ist in der Tatsache begründet, dass die Mechanismen, die in diesen Bereichen jeweils zur Katastrophe führen, absolut vergleichbar sind, wie wir später sehen werden – die Fehlerursachen sind im Grunde „systemübergreifend", was den Vorteil hat, dass man Verbesserungen und Lehren von einem Gebiet auf die anderen übertragen kann.

Die naheliegenden Verkehrsunfälle[12] habe ich bewusst hier nicht mit einfließen lassen, weil sie in der Regel nicht gut fundiert untersucht werden und wenn, dann nur, um die Schuldigen festzustellen und nicht, um in positiver Weise für andere FahrerInnen die Erfahrung in allgemeine Empfehlungen umzusetzen.

Hier sei noch angemerkt, dass es sich bei dieser Ausarbeitung nicht um eine wissenschaftliche Arbeit handelt, die den Anspruch erhebt, neue Erkenntnisse zu publizieren. Es handelt sich vielmehr in der Hauptsache um die Zusammenstellung bereits vorhandener Informationen und Erkenntnisse aus verschiedenen Bereichen, hauptsächlich der Physiologie, der Philosophie, der Psychologie sowie der Physik in diesem Zusammenhang. Allenfalls einige persönliche Vermutungen dazu stammen vom Autor, aber wie gesagt: Keine neuen wissenschaftlichen Ergebnisse – davon gibt es auch schon recht viele zu diesem Thema. Es ist vielmehr ein Kondensat mit wichtigen Quellen zum individuellen Weiterstudium des weiter interessierten Lesers. Sollte sich ein Leser für eine mehr wissenschaftlich fundierte Darstellung interessieren, so seien ihm zwei Bücher empfohlen, nebst einem ausführlichen praktischen Beispiel, einer Studie des Umweltbundesamtes.[13]

Sollten dem einen oder anderen Leser die beiden theoretischen und eher den Hintergrund des menschlichen Versagens beleuchtenden Kapitel 2 und 3 zu weit ausholen, und sollte sich der Leser eigentlich nur für konkrete Verläufe von Unfällen und Katastrophen, sowie deren Ursachen interessieren, so empfiehlt es sich, gleich zu Kapitel 4 weiterzublättern (vielleicht wird dadurch das Interesse am Hintergrund solchen Versagens noch geweckt).

Alle wesentlichen Quellen, die dafür benutzt wurden und aus denen zitiert wird, sind im Quellenverzeichnis enthalten. Alle wörtlichen Zitate sind in kursiv dargestellt, sowohl im Text als auch in den Fußnoten.

---

[12] In Deutschland ereignen sich nach den Daten des statistischen Bundesamtes jährlich ca. zwei Mio. Verkehrsunfälle (mit ca. 400.000 Verletzten und ca. 4.000 getöteten VerkehrsteilnehmerInnen). Davon werden ca. 400.000 „aktenkundig" in dem Sinne, dass sie auch in einer Statistik ausgewertet werden können. Danach werden

- 360.000 = 90% der Unfälle auf menschliches Versagen („Fehlverhalten des Fahrers/der Fahrerin"),
- 30.000 = 10% auf die Umgebungsverhältnisse wie Straßenglätte, Regen etc. (wobei natürlich hier auch der Fahrer/die Fahrerin durch ein nicht an diese Verhältnisse angepasstes Fahren den Unfall dann auch zumindest mitverursacht hat),
- 3.000 = 1% auf „technisches Versagen" zurückgeführt.

Damit ist die bei weitem überwiegende Unfallursache das berühmte „menschliche Versagen". Wie wir sehen werden, ist dies bei den anderen Unfallkategorien ähnlich verteilt. An einem Versagen der Technik ist der Mensch, im Unterschied zu natürlichen Katastrophen wie Orkane, Vulkanausbrüchen usw., immer beteiligt.

[13] Empfohlene Quellen für das intensivere Studium (s. Quellenverzeichnis):
- Dehaene: Denken.
- Perrow: *Normal Accidents.*
- Eine Studie des Bundesumweltamts über die Ursachen menschlicher Fehler bei verfahrenstechnischen Anlagen.

I. Erkenntnistheorie als Ausgangspunkt unseres Handelns

Aber was bin ich denn nun? –
ein denkendes Wesen!
Was bedeutet das? –
Ein Wesen, das zweifelt, erkennt, bejaht, verneint, will, nicht will,
auch vorstellt und empfindet.[14]

Was ist eine Erkenntnis? Vom Wortsinn her könnte man vermuten, dass es darum geht, etwas „erkannt" zu haben – im Sinne von verstanden zu haben. Man „kommt zu einer Erkenntnis", wenn man sich ein Phänomen erklären kann, das man vorher nicht verstanden hat. Eine sehr klare und einleuchtende Erklärung gibt uns Eidemüller:

> *Erkenntnis ist das stets unter der Bedingung, dem Individuum Überleben und Fortpflanzung zu sichern und seine Handlungen solchermaßen planen zu lassen, stattfindende Wahrnehmen und geistige Einordnung von wie auch immer gestalteten Phänomenen.* [15]

Damit setzt er die Erkenntnis in Bezug auf das „Überleben des Individuums", was zunächst recht weit gegriffen erscheint, wir werden aber im weiteren Verlauf verstehen, worauf dies hinausläuft.

---

[14] René Descartes: *Meditation II (1641).*

[15] Eidemüller (2017), S. 291

Wenn man dieser These von Eidemüller folgen würde, müsste nicht nur dem Menschen, sondern auch den Tieren das Gewinnen einer Erkenntnis zustehen.[16] Der einzige Differenzierungspunkt wäre dann das „geistige Einordnen", das bei Menschen und Tieren[17] sicher in anderer Weise vor sich geht.

Grundsätzlich unterscheidet die Philosophie drei Herangehensweisen: Erstens die Annahme eines gedanklichen Systems, und die Existenz bestimmter Entitäten (konkrete und abstrakte Gegenstände, Eigenschaften, Sachverhalte, Ereignisse, Prozesse), zweitens die Erkennbarkeit dieser Entitäten und drittens die Verfahrensweisen, mithilfe derer man Wissen über diese Entitäten erlangen kann. Diese Entitäten entsprechenden der Ontologie, der Erkenntnistheorie bzw. Epistemologie und der Methodologie.

Die <u>Ontologie</u> (aus den altgriechischen Wörtern ὄν ,seiend' und λόγος lógos ,Lehre' gebildet, also ,Die Lehre vom Seienden') ist eine Disziplin der (theoretischen) Philosophie, die sich mit der Einteilung des Seienden und den Grundstrukturen der Wirklichkeit befasst.[18] Die Welt besteht aus materiellen Dingen, diese sind die Grundlagen aller, auch der geistigen, Prozesse. Dem gegenüber steht die Position des Idealismus, der die Welt als aus Geistigem zusammengesetzt betrachtet.

Die <u>Erkenntnistheorie</u> bzw. die <u>Epistemologie</u> definiert, wie eine Erkenntnis in uns entstehen kann: Hier gibt es die beiden Positionen des Empirismus und des Rationalismus. Beim Empirismus kommt die Erkenntnis durch Experimente, Erfahrungen etc. zustande, beim Rationalismus durch die Ratio / Vernunft bzw. unseren Verstand. Heute geht man davon aus, dass beide Arten der Erkenntnis sich ergänzen und nicht ausschließen.

Die <u>Methodologie</u> schließlich schildert die Art und Weise, wie wir unsere Erkenntnisse erwerben. Dabei gibt es die experimentelle und die induktive Methode, sowie die axiomatisch-deduktive Methode, die wir aus den Naturwissenschaften kennen. Hier ist die Definition von Karl Popper bemerkenswert:

> *Die wissenschaftlichen Theorien sind nicht einfach Abbilder der Realität, die sich aus den Messdaten ablesen lassen, sondern sind frei erfundene menschliche Gedankengebäude, die sich in ihrer Übereinstimmung mit der Realität anhand der gemessenen Ergebnisse von Experimenten zu prüfen lassen haben.[19]*

Diese drei einzelnen Kategorien lassen sich aus den verschiedensten Blickwinkeln betrachten, hier werden wir zunächst die physikalische, die philosophische sowie die physiologisch /

---

[16] Hier ist die Erkenntnis vom Bewusstsein zu unterscheiden. Während man dem Tier eine „Erkenntnisfähigkeit" zuordnen kann, ist es bei dem Bewusstsein eine noch immer offene und sehr umstrittene Frage, ob Tiere auch über ein Bewusstsein verfügen.

[17] Beim Menschen können wir diese geistige Ordnung untersuchen, bei den Tieren können wir das leider nicht nachvollziehen.

[18] aus: https://de.wikipedia.org/wiki/Ontologie

[19] Popper, Eccles S. 135

psychologische Sichtweisen beleuchten. Kant hat die erkenntnistheoretische Frage als eine der Grundfragen der Philosophie erklärt:

Die drei grundsätzlichen Fragen der Kant'schen Philosophie sind:

- *Die erkenntnistheoretische: „Was kann ich wissen"?*
- *Die ethische: „Was soll ich tun"?*
- *Die religiöse: „Was kann ich hoffen"?*

Danach fußt unser Tun und Handeln nicht nur auf der Basis unseres Wissens, sondern auch auf der Basis unserer Ethik (und Moral) sowie unserer Hoffnung.

In dem Wort Erkenntnis steckt zuerst einmal „erkennen", sowohl im Sinne von erstmals erkennen oder zum ersten Mal erfahren, als auch im Sinne von „wiedererkennen". Beim Erkennen kann es sich letztlich nur darum handeln, dass ein vorgegebener Sinneseindruck, sei er optisch, akustisch oder anderer Art, mit einem vorhandenen bzw. abgespeicherten Muster („Pattern") verglichen wird. In der Alltagssprache gibt es den „Deja Vu"-Effekt, wenn man den (unbestimmten) Eindruck hat, eine Situation, in der man sich aktuell befindet, schon einmal durchlebt zu haben. Wobei es auch nicht immer von Vorteil ist, wenn man zu viel weiß.[20]

Die Erkenntnistheorie im physikalischen Sinne analysiert, wie aus gewissen Beobachtungen oder Experimenten Schlüsse gezogen werden oder auch eine erklärende Theorie daraus entsteht, also eine Erkenntnis „gewonnen" wird:

> *Die Erkenntnistheorie dreht sich um all jene Fragen, die die Art und Weise betreffen, wie der Mensch Wissen von der Welt und von sich selbst erlangt, welche Bedingungen und Grenzen dieses Wissen hat, woher dieses Wissen stammt, in welchem Verhältnis dieses menschliche Wissen zur Welt steht und welche Geltung dieses Wissen beanspruchen kann.[21]*

Eidemüller erklärt an dieser Stelle weiter, in Bezug auf den Menschen als Erkennenden, dass natürlich unsere gesamte Erkenntnis nicht nur auf Überleben und Fortpflanzen begründet ist, sondern dass – auch – noch es eine Art „kulturellen Überbau" gibt:

> *Er (der Mensch) hat Sinneswahrnehmungen, mehr oder weniger reflektierte Erfahrungen, ästhetische und religiöse Empfindungen oder etwa auch streng definierte Messdaten in einem wissenschaftlichen Experiment. Weiterhin kann er auch mathematische oder philosophische Theorien aufstellen und sogar mit den Axiomen der Logik spielen.*

---

[20] *„Wenn der Mensch zuviel weiß, wird das lebensgefährlich. Das haben nicht erst die Kernphysiker erkannt, das wusste auch schon die Mafia" (Norman Mailer).*

[21] Eidemüller (2017) S. 181.

Ein Kernpunkt ist auch die Frage: Was ist die Realität, bzw. wie verhält es sich mit der real um uns herum existierenden Welt? Praktisch bewegen wir uns in der Welt des Realismus. Vollmer hat diese Realitätssicht in zehn Postulaten zusammengestellt. Sie bilden den theoretischen Rahmen für unser Realitätsverständnis:

1. Realitätspostulat:
Es gibt eine reale Welt, unabhängig von Wahrnehmung und Bewusstsein.
Auch wenn die Annahme einer Außenwelt nicht beweisbar ist, so hat sie sich doch bewährt.

2. Strukturpostulat:
Die reale Welt ist strukturiert.
Dies können Symmetrien, Wechselwirkungen, Naturgesetze, Systeme usw. sein. Die Ordnungsprinzipien sind selbst real und wirklich. Auch wir gehören mit unseren Sinnesorganen und kognitiven Funktionen zur realen Welt.

3. Kontinuitätspostulat:
Zwischen allen Bereichen der Wirklichkeit besteht ein kontinuierlicher Zusammenhang.
Denkt man an das Wirkungsquantum und an Mutationssprünge, so ist eher quasi-kontinuierlich angebracht.

4. Fremdbewusstseinspostulat
Auch andere (menschliche und tierische) Individuen haben Sinneseindrücke und Bewusstsein.

5. Wechselwirkungspostulat:
Unsere Sinnesorgane werden von der realen Welt affiziert.
Dabei wird Energie zwischen Umwelt und Körper ausgetauscht. Veränderungen in den Sinneszellen werden als Signale weitergeleitet. Einige dieser Signale werden im zentralen Nervensystem und im Gehirn weiterverarbeitet.

6. Gehirnfunktionspostulat:
Denken und Bewusstsein sind Funktionen des Gehirns, also eines natürlichen Organs.
Hier wird von dem psychophysischen Axiom ausgegangen, das besagt, dass mit allen Bewusstseinsänderungen physiologische Vorgänge verknüpft sind.

7. Objektivitätspostulat
Wissenschaftliche Aussagen sollen objektiv sein
Objektiv bedeutet hier wirklichkeitsbezogen. Zusammen mit Postulat 1 ergibt sich, dass objektive Aussagen prinzipiell möglich sind.

8. Heuristikpostulat:
Arbeitshypothesen sollen Forschung anregen, nicht behindern.

9. Erklärbarkeitspostulat:
Die Tatsachen der Erfahrungswirklichkeit können analysiert, durch „Naturgesetze" beschrieben und erklärt werden.
Damit werden jeglicher Vitalismus, Irrationalismus und Parawissenschaften zurückgewiesen.

10. Postulat der Denkökonomie

Unnötige Hypothesen sollen vermieden werden.
Dies dient zur Beschränkung des Theoretisierens, vor allem auch der Vermeidung überflüssiger metaphysischer Annahmen.[22]

Damit sind wir beim Thema angelangt, nämlich, wie wir uns mit der Welt außerhalb unserer selbst befassen und wie wir sie wahrnehmen. Dies ist nämlich die Voraussetzung dafür, dass wir überhaupt zu einer Erkenntnis gelangen und dafür, dass diese Erkenntnis von unserem Gehirn verarbeitet werden kann. Im Grunde genommen geht es um ein Interagieren des Menschen mit seiner Umwelt. Eine Information wird empfangen, interpretiert, eingeordnet und führt zu einer Handlung – oder auch nicht. Beispielsweise wird das Wahrnehmen eines sich nähernden Autos uns daran hindern, die Straße unmittelbar zu betreten. In diesem recht einfachen Beispiel steckt die gesamte Thematik (die ersten fünf Punkte sind Bestandteil der Erkenntnistheorie):

1. Was nehmen wir wahr, und wie nehmen wir es wahr?
2. Ist das, was wir wahrnehmen, tatsächlich vorhanden?
3. Nehmen wir alles wahr, was ist oder existiert?
4. Wie verarbeitet unser Gehirn (diese) Informationen?
5. Wie ordnet es sie ein?
6. Welche Handlungs- oder Nichthandlungsanweisungen folgen daraus?
7. Müssen die Informationen überhaupt vor eine Handlung eingeordnet werden?[23] Vielleicht gibt es auch reflexartige oder unbewusste Reaktionen, die quasi automatisch ablaufen.

Mit den ersten drei Fragen setzt sich das folgende Kapitel auseinander, mit den weiteren Fragen zur Verarbeitung der Sinneseindrücke das nachfolgende Kapitel.

---

[22] Vollmer: *Evolutionäre Erkenntnistheorie.* S. 28ff.

[23] Man kann es fast mit einem „Posteingangskorb" vergleichen: Die Sinne oder auch innere Quellen produzieren Informationen, die im Gehirn in dieses „Posteingangskörbchen" gelegt werden und das Gehirn arbeitet diese einzelnen Vorgänge dann ab. Ob überhaupt etwas gemacht werden muss, und auch ob die Bearbeitung parallel oder nacheinander, bzw. in welcher Reihenfolge erfolgt usw., legt dann das Gehirn fest.

1. Wie arbeiten unsere Sinnesorgane?

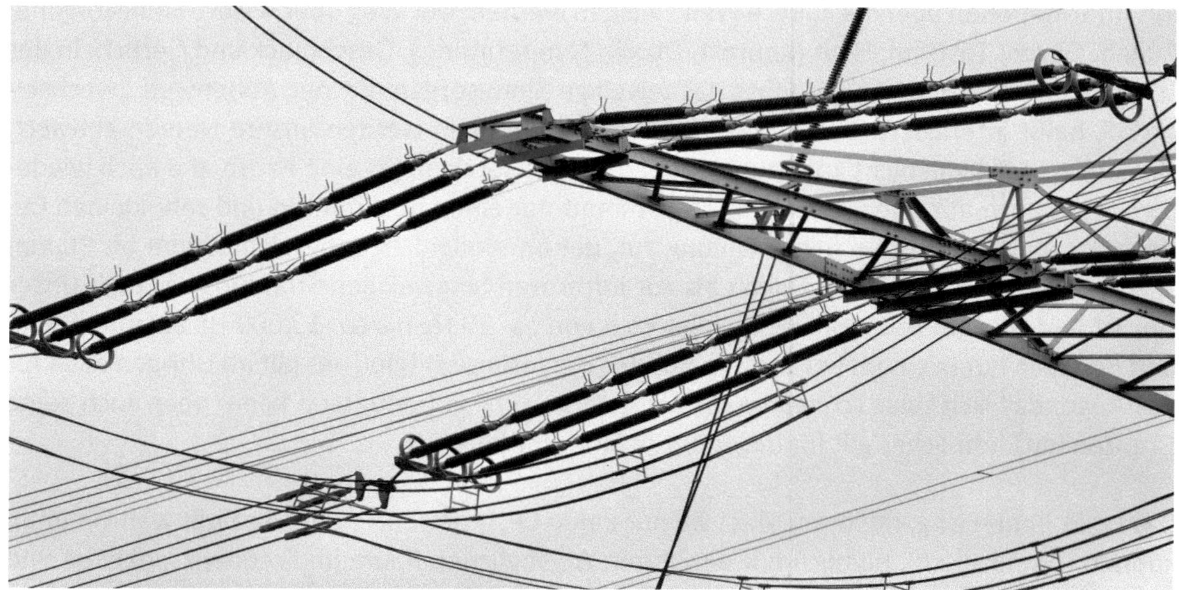

Zunächst einmal muss analysiert werden, über welche Informationen der Mensch überhaupt verfügt, aus denen er Erkenntnisse gewinnen kann. Da fallen einem zunächst einmal unsere Sinne ein, mit denen wir mit unserer Umwelt kommunizieren – wir abstrahieren zunächst einmal davon, dass eine Erkenntnis auch durch „interne Kommunikation", z.B. Nachdenken, entstehen kann (aber auch hier basieren diese Gedanken auf konkreten „Inputs").[25]

Das Volumen der von den Sinnen zum Gehirn übertragenen Daten ist überwältigend. So gibt Tor Nørretranders folgende generelle Werte an: [26]

Sinnesorgan	Bandbreite (bit/Sek.)
Augen	10.000.000
Haut	1.000.000
Ohren	100.000
Geruch	100.000
Geschmack	1.000

---

[24] *Die Augen weit geschlossen*: Spielfilm von Stanley Kubrick aus dem Jahr 1999, basierend auf der Traumnovelle von Arthur Schnitzler aus der Jahr 1926, in dem es um Traum und Illusion geht, die die Realität, die wir um uns herumhaben, „übertrumpfen". Die Allegorie, die sich hinter diesem Filmtitel verbirgt, ist: Man kann auch mit geschlossenen Augen sehen, allerdings sieht man dann nicht mehr das Äußere (das „Wirkliche"), sondern das innere Leben, die Phantasie und auch die irrealen (?) Vorstellungen.

[25] Eine sehr gute Darstellung der Prozesse, die sich in unserem Nervensystem und in unserem Gehirn abspielen, findet man auf der Internetseite www.systemics.us

[26] Nörrestranders S. 98

Demnach gelangen in jeder Sekunde über 11 Mio. Bits an Information über die Sinnesorgane in unser Gehirn.

Die Wahrnehmung der äußeren Welt, bevor diese Wahrnehmung dem Gehirn zugeführt wird, muss eingehend untersucht werden, da es hier schon zu Fehlleistungen kommen kann, die zu einem Versagen führen können. Diese Wahrnehmung erfolgt über unsere Sinnesorgane und - sofern man übersinnliche Phänomene einmal ausschließt - ist sie die einzige Straße, auf der uns Informationen über die äußere Welt zu eigen werden: Der Weg über unsere Sinnesorgane: Augen, Ohren, Tastsinn, Haut (Kontakt, Druck, Temperatur...), Geschmack und Geruch. In der Sprache der Physik sagen wir, dass das jeweilige Sinnesorgan mit der Außenwelt „wechselwirkt", heißt interagiert. Durch diese Zustandsänderungen werden unsere Nerven aktiviert, ein „Stillstand" kann nicht kommuniziert werden, es sei denn als eine Pause, die auch wiederum eine Information sein kann. Das Auge nimmt nur einen bestimmten und sehr kleinen Bereich der elektromagnetischen Strahlung auf, der im Wellenlängenbereich 500nm bis 900nm bzw. von der violetten kurzwelligen bis zur infraroten langwelligen Strahlung reicht.[27] Unser Ohr ist in der Lage, Töne im Frequenzbereich von ca. 20 Hz bis ca. 15.000 Hz aufzunehmen, und das auch nur in einem begrenzten Bereich der Intensität (gleiches gilt im Übrigen auch für das Auge, das sich zwar schnell an die Lichtstärke sehr gut anpassen kann, aber auch seine Grenzen hat). Ähnliches gilt für die anderen Sinnesorgane.

Das heißt, ihnen ist gemeinsam, dass sie nur einen bestimmten Teil der Realität wahrnehmen können (physikalisch), nämlich nur den ihnen zugänglichen Raum im Frequenzspektrum und in der Intensität. Auch die Auflösung verschiedener Quellen, seien es z.B. Schall oder optische Signale, sind begrenzt, z.T. aber extrem gut ausgebildet. Man denke hier an die Fledermäuse, die über die Aussendung und die Wahrnehmung von für uns Menschen nicht wahrnehmbaren Ultraschallsignalen[28] und über deren Reflexionen ihren Weg finden.

Interessant ist in diesem Zusammenhang, dass die „Natur" eigentlich in einem logarithmischen Maßstab arbeitet: Zwischen 1 und 10 Grad Kelvin „passiert" physikalisch genau soviel wie zwischen beispielsweise 0,01 und 0,1 oder zwischen 100 und 1.000 Grad Kelvin. Dieser Bereich ist uns von unserer evolutionären Grundausstattung her zum einen nur in einem sehr geringen Maße zugänglich (wir können 0,1 von 1 Grad Kelvin nicht unterscheiden, wohl aber 1 von 10 oder 10 von 100 Kelvin) und zum anderen empfinden wir Temperatur eher linear als logarithmisch. Beim Gehör ist es ähnlich, eine Lautstärkeerhöhung von 10 Dezibel wird vom Menschen als eine Verdopplung empfunden.[29] Während das Ohr einen „Dynamikbereich" von

---

[27] Die Physik kennt keine „Farben": Farben sind eine Darstellung von Bereichen der elektromagnetischen Strahlung, die unser Gehirn uns „vorspielt" – insofern sind sie keine physikalische „Realität".
Interessanterweise hat uns die Evolution für einen anderen Bereich des elektromagnetischen Spektrums, den wir heute allerdings „technisch" intensiv nutzen, keine Sinne gegeben: Für UKW-Wellen, für Bluetooth, für Röntgenstrahlen etc. Dazu ändert sich mit der Frequenz der elektromagnetischen Strahlung auch das registrierende Sinnesorgan: Während das Auge, wie gesagt, zwischen 500 und 900 Nanometern aktiv ist, empfinden wir die infrarote Strahlung unterhalb von 500 Nanometern Wellenlänge, die auch ein Teilbereich der elektromagnetischen Schwingungen darstellt, über die Haut.

[28] Die Wahrnehmung von Ultraschallsignalen gehört nicht zur menschlichen „evolutionären Grundausstattung", weil wir diese Fähigkeit für unser Überleben nicht brauchen – und auch nicht für unsere Fortpflanzung.

[29] https://de.wikipedia.org/wiki/Schalldruckpegel: *Der Schalldruckpegel ist eine technische und keine psychoakustische Größe. Ein Rückschluss von Schalldruckpegel auf die wahrgenommene Empfindung Lautheit ist nur sehr eingeschränkt möglich. Ganz allgemein lässt sich sagen, dass eine Erhöhung bzw. Senkung des*

mehreren Zehnerpotenzen beherrscht,[30] hat unser Auge einen Dynamikbereich von nur knapp einer halben Zehnerpotenz.[31]

Dies ist im Wesentlichen darauf zurückzuführen, dass wir als Menschen – genauso wie unsere Mitbewohner auf der Erde, die Tiere – durch die Evolution (fast) ideal[32] auf unsere Umwelt eingestellt wurden. So ist es z.B. für uns als Menschen für das Überleben wichtig, dass unser Auge so scharf sehen kann, dass es in einer großen Entfernung eine Gefahr erkennen kann, um z.B. einen sich nähernden Feind rechtzeitig erkennen zu können. Es ist weiterhin wichtig für uns, dass wir die Quelle eines Schallsignals orten können, damit wir wissen, wohin wir vor dem Feind, der möglicherweise die Quelle dieses Schallsignals ist, fliehen müssen, nämlich, falls möglich, in die entgegengesetzte Richtung. Die Tiere haben jeweils ihre spezifischen Charakteristika während der Evolution entwickelt, die ihnen das Überleben sichern (s. oben beispielsweise die Fledermäuse).

Jetzt ist es aber so, dass wir – im Gegensatz zu den Tieren – unseren Wahrnehmungsraum durch unsere Intelligenz sehr weit ausgedehnt haben, was den Tieren nicht zu eigen ist. So haben wir z.B. das Fernrohr und das Mikroskop erfunden und können damit weiter schauen als unser Auge es von Natur aus kann – wir haben die Skala des Auges quasi künstlich nach unten und nach oben erweitert. Wir haben Thermometer entwickelt, die einen Bereich abdecken, den unser Körper nicht abdeckt, auch hier sowohl nach oben als auch nach unten. Dies bezeichnet man physikalisch als eine Abbildung der Realität durch eine Messung, für die ich einen Apparat bauen muss, der mir eine solche Messung ermöglicht. Das heißt, die Signale, die wir naturgemäß aufnehmen, werden durch technische Hilfsmittel ergänzt und erweitert. Natürlich geht es dann letztendlich wieder z.B. über das Auge in Richtung Gehirn, wenn wir beispielsweise auf der Skala eines Thermometers eine Temperatur von 2.000 Grad Celsius ablesen, die wir mit unserer natürlichen Sinnesausstattung nicht hätten messen können.

Schalldruckpegels tendenziell auch ein lauter bzw. leiser wahrgenommenes Schallereignis hervorruft. Oberhalb eines Lautstärkepegels von 40 phon (bei einem 1-kHz-Sinuston entspricht dies einem Schalldruckpegel von 40 dB) folgt die Lautheitsempfindung dem Stevensschen Potenzgesetz und ein Unterschied von 10 Phon wird als Verdopplung der Lautheit wahrgenommen. Unterhalb von 40 Phon führt schon eine geringere Änderung des Lautstärkepegels zum Gefühl der Verdopplung der Lautheit.

[30] Wir können Schallpegel zwischen 40 (sehr leise) und 100 Dezibel (sehr laut) wahrnehmen, das sind 6 Zehnerpotenzen, das heißt, dass der Schalldruckpegel sich dabei um den Faktor 1 Million erhöht.

[31] Es ist wirklich bemerkenswert, dass das elektromagnetische Spektrum, das wir heute „messen" können, von einer Frequenz von 1Hz (Wechselstrom) bis zu 10^{23} Hz (Höhenstrahlung) reicht. Von diesen 23 Zehnerpotenzen erfassen wir über unsere Sinne (Auge und Haut) gerade einmal eine halbe Zehnerpotenz! Aber dieser Bereich ist uns von der Evolution „zugeteilt" worden und sichert unser Überleben – und die Fortpflanzung. Der restliche Strahlungsbereich „berührt" uns nicht – im wahrsten Sinn des Wortes!

[32] Die Evolution ist natürlich ein fortlaufender Prozess, er geht nur sehr langsam voran und über viele Generationen. So ist die „Anpassung" an neue Umgebungen auch ein langwieriger und niemals abgeschlossener Prozess. Insbesondere ist die Geschwindigkeit der Evolution für unsere schnelle technische Entwicklung viel zu langsam, hinkt sozusagen hoffnungslos hinterher. In der heutigen Zeit wäre es für uns zum Beispiel sicher sinnvoll, wenn wir ein Sinnesorgan für Radioaktivität hätten – oder beispielsweise einen „eingebauten" Funkempfänger für WLAN.

Nach Eidemüller gilt für unser Vorstellungsvermögen,

dass es auf einer Dreidimensionalität beruht und darauf zurückzuführen ist, dass die Natur – zumindest im mesokosmischen Bereich – drei räumliche Dimensionen besitzt. Unser Verstand arbeitet nur deshalb mit drei Dimensionen, weil ein zwischendimensionales Vorstellungsvermögen zu viele Informationen unterschlagen würde, und nicht überlebensadäquat wäre. Ein höherdimensionales Vorstellungsvermögen – so sehr es einem die Behandlung vieler mathematischer Probleme erleichtern würde – war wiederum evolutionär nicht notwendig, denn die (mesokosmische) Natur besteht nur aus räumlich dreidimensionalen Strukturen. Nun ist aber aus der Relativitätstheorie bekannt, dass Struktur von Raum und Zeit miteinander verwoben sind und sich nur durch eine vierdimensionale Raumzeit darstellen lässt. Der gewöhnliche dreidimensionale Raum unserer Anschauung ist nämlich nur für kleine Geschwindigkeiten, Beschleunigungen oder Gravitationskräfte gültig, bei denen wir relativistische Effekte getrost vernachlässigen können. Da so große Geschwindigkeiten, Beschleunigung oder Gravitationskräfte aber auf unserem Planeten nie aufgetreten sind, haben sie für die Evolution nie eine Rolle gespielt und folglich auch keinen anderen Einfluss auf die Anpassung unseres Vorstellungsvermögens besessen. Unser räumliches Vorstellungsvermögen entspringt also unserer mesokosmischen Alltagswelt. Gleichwohl vermag der Mensch jedoch mithilfe wissenschaftlicher Analyse die Grenze seines Vorstellungsvermögens zu überschreiten und allgemeinere Strukturen der Realität aufzudecken und somit durchaus Erkenntnisse zu erwerben, die seine bildliche Vorstellungskraft übersteigen. Solche Erkenntnisse müssen nur irgendwie in Bezug zu unserer Alltagswelt zu setzen sein – etwa durch den messbaren Nachweis von relativistischen Effekten, oder dadurch, dass unsere Alltagswelt als Grenzfall in der allgemeinen Beschreibung enthalten ist – so wie die klassische Physik als Grenzfall für kleine Geschwindigkeiten aus der Relativitätstheorie ableitbar ist. Geistige Kategorien und Anschauungsformen sind für die evolutionäre Erkenntnistheorie also nicht als grundlegende Kategorien der Wirklichkeit anzusehen, sondern nur als evolutiv bewährte kognitive Muster in einer umfassenden Realität. Die Klärung des Verhältnisses von geistigen Kategorien und Strukturen der Wirklichkeit ist für die evolutionäre Erkenntnistheorie ein zentrales erkenntnistheoretisches Thema von Wissenschaft.[33]

Weiterhin ist es so, dass wir auch bei Zeiträumen und Entfernungen auf unseren engeren Lebens- und Erfahrungsraum fixiert sind: Dimensionen unterhalb eines Millimeters oder oberhalb von 10km können wir nicht erfahren, sondern uns nur „vorstellen". Im Kleinen ist ein Atom lediglich ein Modell, das vor unseren Augen entsteht, es ist für uns aber nicht real und nicht mit unseren Sinnen erfahrbar. Das gleiche gilt dann auch für kosmische Entfernungen wie z.B. für Lichtjahre. Wir überblicken bestenfalls einen Zeitraum von 100 Jahren, schon

---

[33] Eidemüller (2017), S. 199.

10.000 Jahre sind für uns „unvorstellbar" – im wahrsten Sinn des Wortes. Nach unten sind wir mit der Sekunde begrenzt, Zeiträume darunter können wir nicht mehr „erfassen".

Von uns Menschen entwickelte technischen Hilfsmittel ermöglichen es uns aber, Dinge oder Zustände (wie Temperatur) wahrzunehmen, die uns weit über unsere evolutionäre Grundausstattung hinausbringen. Hier sei die Messung der Radioaktivität oder der Röntgenstrahlen[34] erwähnt.

Mit der Ausweitung dieses evolutionären Spektrums der Sinnesorgane geht aber auch einher, dass wir uns in der Dimension sowohl nach unten (im Mikrokosmos) als auch nach oben (im Makrokosmos) nur Bilder machen, die wir aus unserer „Mittelwelt", dem sog. Mesokosmos, entnehmen. Sowohl Atome als auch Sonnen in fernen Galaxien erscheinen vor unserem geistigen Auge ähnlich groß wie ein Ball – nur damit wir damit umgehen können. Das heißt aber weiterhin, dass es sich hier in diesen Bereichen des Makro- wie auch des Mikrokosmos immer nur um Abstraktionen handelt, keinesfalls aber um eine reale Welt.[35]

Diese Erweiterung des natürlichen Spektrums ist mit der Entwicklung der Technik und der Naturwissenschaften verbunden, dazu ein Zitat:

> *Seitdem hat der Mensch nicht nur immer wieder neue Erkenntnisse gewonnen und Technik ersonnen, sondern auch neue Formen der Erkenntnisgewinnung. In der Neuzeit hat sich eine Methodik durchgesetzt, die sich als besonders effektiv herausgestellt hat und die wir passenderweise als Wissenschaft bezeichnen. Ihre methodische Besonderheit im Vergleich zur religiösen Erkenntnis oder zur Alltagskenntnis liegt in ihrer Beschränkung auf bestimmte Klassen oder Phänomene oder Problemstellungen, dem Erstellen allgemeiner Theorien und der hierauf basierenden abstrahierten Modellbildung, sowie der Systematik beim Sammeln und Kategorisieren, beim Experimentieren und Theoretisieren so wie beim Analysieren und Argumentieren. Wissenschaft strebt eine von den Forschern und Denkern nachvollziehbare, deswegen intersubjektive, aber eben nicht subjektive, nur dem Einzelnen zugängliche Form von Erkenntnis an. Verständnis wird sowohl in der Natur- wie auch in den Geisteswissenschaften durch Rückbezug auf bereits Bekanntes, als sicher vorausgesetztes, auf schon Durchdrungenes und Beherrschtes erzielt. [36]*

---

[34] Weil Marie Curie bei der Entdeckung der Radioaktivität nichts von den Gefahren wusste, die von dieser Strahlung ausging und, weil sie eben keinen natürlichen Sinn hatte, der sie davor hätte warnen können, ist sie an den gesundheitlichen Schäden ihrer Entdeckung am Ende gestorben. Erst die Erfindung des Geigerzählers ermöglicht es uns, mit einem „künstlichen Sinn" die Radioaktivität aufzunehmen, sie zu messen und uns damit vor ihren Folgen zu schützen.

[35] Niemand weiß, wie ein Zwerg in der Größenordnung eines Atoms ein solches Atom „sehen" würde und wie ein Riese in der Größenordnung unserer Erde das Weltall „sehen" würde.

[36] Eidemüller (2017), S. 327.

Natürlich ist die reine Informationssammlung (sei es nun durch unsere natürlichen Sinne oder durch unsere technischen Hilfsmittel) nur der Anfang des Prozesses der Erkenntnis, hierzu ein weiteres Zitat von Eidemüller:

> *Ausgehend von dem seinen Sinnesorganen zugänglichen Wahrnehmungsbereich erkundet und erforscht der Mensch der Welt. Erschließt sich ihm seine unmittelbare Umwelt zunächst noch wie von selbst – nämlich in dem Bereich, für den er phylogenetisch genetisch ausgelegt ist –, so ist er gezwungen sich die nicht mehr direkt zugänglichen Bereiche unserer Welt mit zunehmend aktiver Anteilnahme selbst zu erschließen. Die tieferen Zusammenhänge schließlich, die von der Wissenschaft erforscht werden, erfordern langjährige Beschäftigung und Einarbeitung zu ihrem Verständnis.*[37]

Diese weitere Verarbeitung der von den Sinnesorganen dem Gehirn zugesandten Informationen ist der nächste Schritt auf dem Weg zur Erkenntnis. D.h. die Informationen sind eine notwendige, aber noch keine hinreichende Voraussetzung für eine daraus möglicherweise resultierende Handlung. Hinzu kommen die Analyse und Einordnung dieser Informationen durch unser Gehirn. Die Realität ist also die eigentliche Wahrnehmung, zusammen mit der Interpretation des Gehirns zu dieser Information, zusammen mit anderen dem Gehirn zur Verfügung stehenden Informationen wie Erfahrung, vorherige Erkenntnisse usw.

Die Gegenstände sind also „mind dependent" oder, wie Eidemüller es ausdrückt:

> *We consider objects to be mind dependent.*[38] *That is not to say that objects exist in an absolute sense, independently of any abstraction…. nothing can be said about nature unless some abstractions have been made. Objects exist only virtue of abstractions. The notion 'object' is abstraction dependent but it can be taken as mind-independent….*
>
> *A point of view is characterized by a deliberate lack of interest which breaks the holistic unity of nature… There is only one reality but there are many points of view.*[39]

Diese Ansicht, nämlich dass es zwar nur eine Realität gibt, dass es aber gleichzeitig viele verschiedene „Sichten" oder auch „Ansichten" darüber gibt, ist ja nicht neu, sie ist auch Gegenstand unserer täglichen Praxis: Was von oben eine Kreis ist, ist von der Seite – aus einer anderen Sicht – eine Ellipse: Quod erat demonstrandum.

---

[37] Eidemüller (2017), S.188ff.

[38] Das bedeutet im Prinzip, dass die Gegenstände bzw. Objekte „geistes-abhängig" sind – die Gegenstände existieren nicht real, sondern nur in unserem Geist.

[39] Der letzte Satz ist natürlich hervorzuheben, zumal vor dem Hintergrund der hier behandelten Thematik:
„Es gibt nur eine Realität, aber es gibt viele Standpunkte."
„Ein einzelner Standpunkt zerstört die Ganzheit der Natur."

Es ist ja weiterhin bekannt, dass eine Zeugenbefragung nach Verkehrsunfällen manchmal den Eindruck aufkommen lässt, diese Zeugen hätten verschiedene Unfälle beobachtet – es war aber derselbe, und jeder Zeuge hat ihn aus seiner Sicht bzw. Perspektive gesehen – jeder Zeuge hatte „seinen" Standpunkt.

Das heißt, dass die – wie auch immer existierende oder präsente und von uns, dem Beobachter unabhängige – objektiv vorhandene Welt, nur als ein Abbild erscheint. Dies entsteht dadurch, dass das Auge oder ein anderes Sinnesorgan etwas aufnimmt, an unser Gehirn weiterleitet, das Gehirn seinerseits diese Information verarbeitet und es uns vor unserem „inneren Auge" präsentiert. Das Gehirn kann dabei deutlich von der Realität abweichen und auch vorhandene Gegenstände wegdenken. Ein berühmtes Beispiel für die Fähigkeiten des Gehirns ist das Folgende:

Warum passiert es immer wieder, dass Menschen Dinge übersehen, die direkt vor ihren Augen stattfinden?

Diese Frage wollten die beiden Harvard Psychologen Christopher Chabris und Daniel Simons im Rahmen ihrer Forschungen zum Thema Wahrnehmung beantworten. Sie entwickelten dazu folgendes Experiment:[40]

Zusammen mit ein paar Studenten drehten sie ein kleines Video. In diesem Video spielen zwei Teams – ein weißes und ein schwarzes - gegeneinander auf dem Uni-Flur Basketball. Die Testpersonen sollen beim Betrachten des Videos die Anzahl der Ballwechsel des weißen Teams zählen. Egal zu welchem Ergebnis sie dabei kommen, stellte ihnen der Experimentator dann noch eine zusätzliche Frage:

- Haben Sie einen Gorilla gesehen?

Erstaunlicherweise antworteten ca. 50 % der Teilnehmer auf die letzte Frage mit NEIN. Knapp die Hälfte der Teilnehmer hat demnach keinen Gorilla in dem Video entdeckt, obwohl er tatsächlich quer durch das Bild läuft, und sogar in der Mitte stehenbleibt und in die Kamera schaut. Besonders groß ist dann das Erstaunen, wenn man den Teilnehmern den Film ein zweites Mal zeigt und sie dann, nach dem Hinweis auf den Affen, diesen tatsächlich entdecken. Die eigenen Wahrnehmungsfähigkeiten werden also von den meisten Menschen vollkommen überschätzt oder zumindest falsch eingeschätzt.

Das Bemerkenswerte an diesem Experiment ist, dass die Versuchspersonen den Gorilla ja nicht deshalb übersehen, weil sie Probleme mit den Augen haben. Wenn man seine Aufmerksamkeit einem bestimmten Bereich oder Aspekt des Sichtfeldes zuwendet, neigt man dazu Unerwartetes einfach nicht „wahr"-zunehmen, selbst wenn dieses Unerwartete auffällig und potentiell wichtig ist und sich genau dort befindet, wo man gerade hinsieht. Die

---

[40] Dem Leser, der sich eingehender damit auseinandersetzen möchte, sei der folgende Link empfohlen: www.anti-bias.eu, eine Info-Plattform zu Forschungen über und Strategien gegen unbewusste Vorurteile (Unconscious Biases).

Versuchspersonen im Gorilla-Experiment konzentrierten sich so stark auf das Ballspiel, dass sie für den Gorilla vor ihrer Nase „blind" waren.[41]

Das Gehirn agiert sicher bei Jedem unterschiedlich, darauf kommen wir noch einmal zurück. Hier können wir festhalten, dass unser Gehirn zu den realen Informationen, die es von den Sinnesorganen übermittelt bekommt, beliebige weitere, nicht reale Informationen sowohl hinzuaddieren, als auch etwas subtrahieren kann. Daraus folgt die logische Konsequenz, dass jeder Mensch verschiedenartig auf den gleichen äußeren Impuls reagiert. Man kann sich natürlich auch leicht ausmalen, dass dieser Additions- und Subtraktionseffekt des Gehirns entscheidende Auswirkungen auf notwendige Reaktionen bei Unfällen und Katastrophen hat. Im Grunde genommen dienen Trainings und Übungen dazu, das Gehirn in seiner nichtrealen Wahrnehmung sozusagen ein Stück weit zu normieren, so dass die trainierten Menschen hier eine einheitliche Prägung bekommen und entsprechend richtig reagieren können.

Eine weitere Information, die dem Gehirn permanent zur Verfügung gestellt wird, nennt man Propiozeption oder Eigenwahrnehmung – in Ergänzung zur reinen Sinneswahrnehmung, die auch Exterozeption[42] genannt wird:

Dieses „sechste Sinnesorgan" ist kein Sinnesorgan, es besteht aus Rezeptoren in Muskeln, Gelenken, Sehnen und Bändern. Diese Rezeptoren sorgen dafür, dass dem Gehirn Informationen zum aktuellen Körperzustand übermittelt werden, wie Lage der Arme oder der Beine, Lage im Raum etc. Diese Informationen dienen dazu, dass dem Gehirn der physische Ausgangspunkt von Gliederbewegungen bekannt ist, damit sie zielgerecht und sinnvoll erfolgen können. Diese Eigenwahrnehmung gibt dem Gehirn auch ein Feedback, ob die Befehle korrekt ausgeführt wurden. Für die hier in diesem Buch beschriebenen menschlichen Fehler, die zu Unfällen oder Katastrophen führen, spielt die Propriozeption aber keine Rolle.

---

[41] Sicher hätte unser Gehirn den Gorilla nicht „weggedrückt", wenn er sich in irgendeiner Weise aggressiv gezeigt hätte, dann wäre das Gehirn in eine Art Alarmzustand gewechselt und es hätte sich auf den Gorilla konzentriert und das Zählen eingestellt.

[42] Abgeleitet vom Lateinischen „proprio = selbst" und „extero = außen".

KATASTROPHE:

Aus dem Griechischen: *katastrophḗ* (*καταστροφή*) 'Umkehr, Wendung', wird benutzt für große und folgenschwere Unfälle.

2. Wie verarbeitet das Gehirn die Informationen? Bewusstes und unbewusstes Denken und Agieren

Bewusstsein ist eigentlich nur ein Verbindungsnetz zwischen Mensch und Mensch – nur als solches hat es sich entwickeln müssen: Der einsiedlerische und raubtierhafte Mensch hätte seiner nicht bedurft.[43]

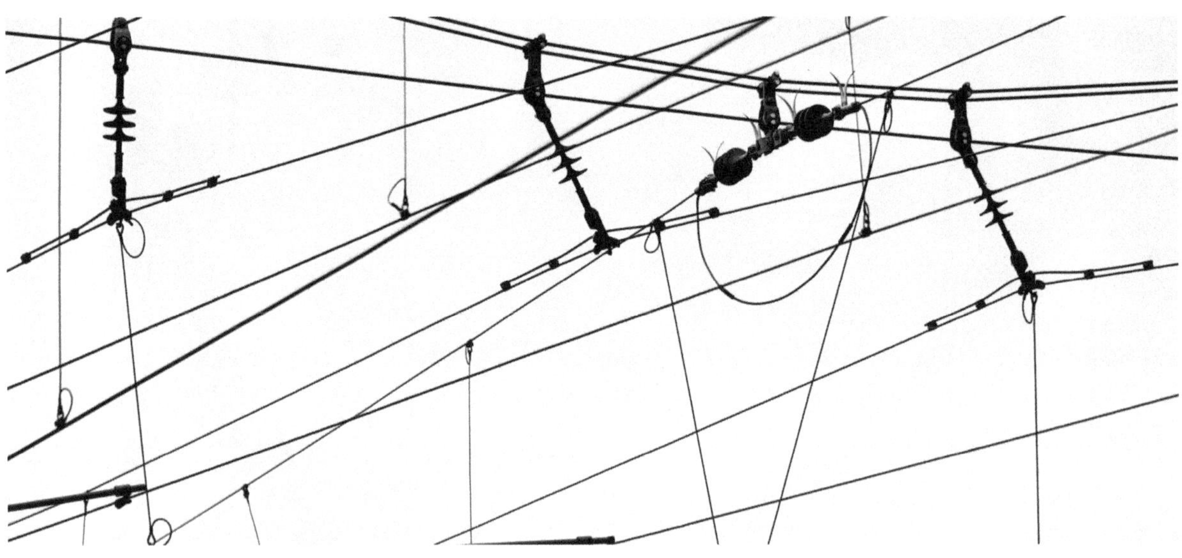

Unsere Sinnesorgane nehmen also die Welt wahr, oder zumindest den für unser (Über)Leben wesentlichen Teil, wie wir weiter oben gesehen haben. Man bezeichnet es manchmal – leider falsch – auch als Wahrnehmung, wobei dieses Wort selbst schon einiges über die Qualität dieser Information aussagt: Wir nehmen etwas „wahr", darin steckt natürlich, dass die Welt „wahr" und real vorhanden ist und nicht falsch. Es gibt tatsächlich den eigentlich widersprüchlichen Ausdruck „Falschwahrnehmung", in dem das „wahr" durch das „falsch" quasi übertrumpft wird, klarer und logischer wäre hier der Ausdruck „Falschnehmung". Die Wahrnehmung ist mehr als nur die Information der Sinnesorgane, sie ist das mit der Verarbeitung weiterer Informationen entstehende Gesamtbild einer Sache oder einer Situation, die Details werden im Folgenden geschildert. Die Informationsaufnahme durch die Sinnesorgane allein bezeichnet man als Rezeption. Anders ausgedrückt: Ob ich jemanden „wahrnehme" ist nicht nur eine Frage des Sehens oder des Hörens dieser Person, es ist vielmehr diese „Erstinformation" nebst der dazugehörenden Einordnung und Bewertung dieser Person für mich und mein Verhalten: Ist es ein Feind oder ein Freund? Kenne ich diese Person?

Wie wir oben gesehen haben, stellen die Sinnesorgane die Verbindung des Gehirns zu der Außenwelt dar. Wie wir weiterhin gesehen haben, ist dies nur ein eingeschränkter Teil der Realität, wie diese als Gesamtentität auch immer definiert sein mag. Diese Informationen

---

[43] Friedrich Nietzsche: *Die fröhliche Wissenschaft.*

können sowohl primärer Art sein (die „reale" Welt, die das Auge erblickt) oder auch sekundärer Art, wie beispielsweise das Ablesen einer Skala oder das Lesen eines Buches.

Diese eingehenden Informationen, die einen steten Strom darstellen, der auch im Schlaf allenfalls nur gemindert wird, aber auch dann nicht versiegt, werden im Gehirn permanent empfangen, analysiert, eingeordnet, bewertet etc. Es gibt bestimmte Reize, die zu einer unmittelbaren Reaktion führen, zu einem Reflex, diese sollen in unserer Betrachtung keine Rolle spielen.

Beim Prozess der Wahrnehmung kommt es zunächst zum Empfang der Information im Gehirn, auch Rezeption genannt. Von dort beginnend erfolgen nun die folgenden grundsätzlichen nächsten Schritte:

- <u>Einordnen der Information</u>: Person, Situation etc.

- <u>Vergleich mit gespeicherten Informationen</u>: Wiedererkennen, Erinnern, Deja-Vu etc.

- <u>Wahrnehmen nur dann, wenn es einen Wert an sich hat</u>: Siehe Beispiel oben mit dem Gorilla im Film: Der Gorilla hat keine Bedeutung für die Frage, wie viele Ballwechsel stattfinden, also wird er nicht wahrgenommen.

- Wenn das Thema automatisch abgewickelt werden kann, wird es wahrgenommen, es wird aber <u>unbewusst, d.h. ohne, dass es uns „bekannt" ist,</u> verarbeitet. Auch hier versteckt sich das Wort Wissen, d.h. die Wahrnehmung wird zu Wissen und dazu kommt diese Wahrnehmung in das Bewusstsein – oder auch nicht, wenn die Wahrnehmung nur unbewusst zur Kenntnis genommen wird. Diese Vorgänge treten bei routinierten, antrainierten, automatisierten Abläufen auf, was sehr sinnvoll sein kann im Gefahrenfall, da die Reaktion schnell erfolgt und die Reaktion nicht durch Denk- und Entscheidungsprozesse zeitlich verzögert wird. Es kann aber auch schädlich sein, wenn das Gehirn einen Routinevorgang unbewusst behandelt und eine wichtige Komponente übersieht. Das bedeutet, dass es sich in dem Fall nicht um einen Routinevorgang handelt und dieser Vorgang eigentlich „bewusst" gemacht werden müsste. Dies ist eine häufige Ursache von Fehlern.

- Kann das dem Gehirn nach Auswertung der Informationen und dem Prüfen und Einordnen vorgelegte Thema nicht „automatisch" abgewickelt und somit im Unterbewusstsein verarbeitet werden, <u>dann setzt der Prozess des Bewusstwerdens ein</u>. Jetzt setzt der intellektuelle Denkprozess ein, der sich mit der Lösung der Thematik beschäftigt. Hier muss eine Entscheidung getroffen werden, ob jetzt unmittelbar oder zu einem späteren Zeitpunkt, spielt keine Rolle: Bei drohender Gefahr muss ich schnell handeln, in anderen Situationen hingegen habe ich stundenlang, wochenlang, manchmal sogar monatelang Zeit, eine Entscheidung zu treffen.

- Das Denken ist kein ausschließlich bewusster Prozess: Es mag paradox klingen, aber <u>das Gehirn denkt auch unbewusst nach</u>, d.h. es behandelt Themenstellungen, ohne dass wir uns dessen bewusst sind. Was die Wenigsten wissen: <u>Unser Gehirn denkt auch nach, wenn uns das nicht bewusst ist</u>. Seit den 80er Jahren des letzten Jahrhunderts wird ein Management-Training angeboten über die Anwendung der HIRT-Methode,[44] die diesen Effekt wirkungsvoll genutzt hat. Die Methode geht auf den Vater der Psychoanalyse, Sigmund Freud, zurück und beruht darauf, dass dem Gehirn zu einer bestehenden Thematik oder Fragestellung alle Informationen präsentiert werden, die es im Vorfeld dazu gibt, z.B. Notizen, Aufzeichnungen, Gespräche dazu etc. Dabei soll nicht versucht werden, sofort über eine Lösung nachzudenken, sondern das zu lösende Problem soll nach dieser „Materialsammlung" erst einmal vergessen werden. Tatsächlich ist es dann so, dass uns nach einiger Zeit, das können Stunden, Tage oder auch noch längere Zeiträume sein, eine Lösung plötzlich ins Bewusstsein kommt, die tatsächlich zu dem Problem passt - das kann in der Freizeit sein, unter der Dusche oder beim Autofahren. Sicher haben viele von uns schon die Erfahrung gemacht, dass uns ganz plötzlich Lösungen zu Problemen in den Sinn kommen, über die wir in diesem Moment gar nicht nachgedacht hatten. Die Erklärung ist einfach und überzeugend: Das Gehirn denkt permanent über alle Probleme nach, die ihm präsentiert wurden, die in sein Bewusstsein gelangt sind. Dabei kommt eine sehr große Zahl völlig sinnloser Lösungen zustande, die uns aber nicht bewusst werden, weil es eine Schicht im Gehirn gibt, die nur sinnvolle Lösungen hindurchlässt, die uns dann bewusst werden und sozusagen vor uns „auftauchen": Voila!

Sehr ähnlich zu der beschriebenen HIRT-Methode hat der Mathematiker Hadamard den Prozess der mathematischen Entdeckung in vier aufeinanderfolgende Stadien zerlegt (im Kern analog zu der oben beschriebenen Hirt-Methode):

Initiation, Inkubation, Illumination und Verifikation:

- *<u>Die Initiation</u> umfasst die gesamte vorbereitende Arbeit, die vorsätzliche bewusste Erkundung eines Problems. Dieser frontale Angriff bleibt leider oft erfolglos – aber damit ist noch nicht alles verloren, denn er schickt das unbewusste Denken auf die Suche, in*

- *Die Phase <u>der Inkubation</u> – eine unsichtbare Periode der Gärung, in der das Denken sich vage mit dem Problem beschäftigt, ohne bewusst zu zeigen, dass es intensiv daran arbeitet – kann beginnen. Die Inkubation bliebe unbemerkt, wären da nicht die Folgen. Plötzlich, nach tiefem Schlaf oder bei einem entspannten Spaziergang, kommt es zu*

- *<u>Der Phase der Illumination</u> – der Erleuchtung: Die Lösung erscheint in all ihrem Glanz und tritt in das bewusste Denken des Mathematikers ein. Meistens ist sie korrekt. Dennoch ist ein meist langer und mühsamer Weg der*

- *<u>Verifikation</u> erforderlich, damit alle Einzelheiten festgehalten werden können.[45]*

---

[44] Mehr hierzu unter: <u>www.hirt-institut.com.</u>

[45] Dehaene, S. 118.

Was ist eigentlich gemeint, wenn man von „bewusster Wahrnehmung" spricht? In diesem Zusammenhang gibt es auch den Begriff der Vigilanz, den man von den Begriffen „Aufmerksamkeit" und „Wachzustand" wie folgt unterscheidet:

> *Vigilanz oder Wachzustand als Bezeichnung des Zustands, der vorherrscht, wenn wir nicht schlafen, ohnmächtig werden oder unter Narkose stehen. Selbst diese beiden Begriffe sollten womöglich voneinander getrennt werden. Wachzustand bezieht sich vorwiegend auf den Zyklus von Schlafen und Wachsein, der aus den subkortikalen Prozessen hervorgeht, während Vigilanz das Erregungsniveau in den Netzwerken des Kortex und des Thalamus bezeichnet, welche die bewussten Zustände tragen. Beide Zustände unterscheiden sich jedoch stark vom bewussten Zustand. Wachzustand, Vigilanz und Aufmerksamkeit sind lediglich die ermöglichenden Bedingungen zum bewussten Zustand. Sie sind notwendig, aber nicht immer hinreichend, um uns die bewusste Wahrnehmung einer spezifischen Information zu ermöglichen.[46]*

Mit dem Denken des Gehirns nach der Bewusstseinswerdung der Thematik, mit der es sich auseinandersetzen muss, kommen natürlich die intellektuellen Fähigkeiten des Individuums zum Tragen – genauso wie seine erlernten Fähigkeiten und seine Routine aus früheren ähnlichen oder gleichen Situationen. Bevor ein Schachspieler eine Figur für den nächsten Zug berührt, muss er einen sehr komplexen Denkprozess durchführen. Er muss die Stellung bewerten, er muss die möglichen Optionen für die nächsten Züge bewerten, bis hin zu zehn und mehr Zügen, und dabei immer die möglichen Gegenzüge auch erwägen. Bei professionellen Spielern werden auch Vergleichspartien herangezogen, die im Gehirn abgespeichert sind etc. Das bedeutet, dass der eigentlichen Handlung des einfachen Ziehens einer Schachfigur ein intensiver Entscheidungsprozess vorausgehen muss, der teils auch unter Zeitdruck erfolgt.

Bemerkenswert ist auch, dass die Wahrnehmung z.B. des Auges nur zu einem kleinen Teil aus der eigentlichen optischen Information herrührt, der wesentliche Teil dessen, was wir „sehen", ist ein Produkt unseres Gehirns. Hier sei auch auf die Arbeiten von Beau Lotto verwiesen, der dazu wie folgt ausführt:

> *.... kommen nur 10 % der Informationen, die das Gehirn zum Sehen benutzt, von den Augen. Die restlichen 90 % stammen aus anderen Bereichen des Gehirns. Auf jede Verbindung von den Augen (über den Thalamus) zur primären Sehrinde kommen zehn weitere Verbindungen aus anderen Bereichen der Großhirnrinde und weitere zehn, die in die andere Richtung führen und die Informationen, die vom Auge kommen stark beeinflussen. Was den Informationsfluss angeht, haben unsere Augen also recht wenig mit unserer Sehkraft zu tun. Das Sehen wird überwiegend vom hochentwickelten Netzwerk unseres Gehirns erledigt, welches den Informationen, die wir durch visuelle Sinnesreize erhalten, eine Bedeutung gibt. So gesehen ist der gängige Satz "Ich glaube nur was ich mit meinen Augen sehe" also völlig unsinnig.[47]*

---

[46] Dehaene, S. 37.

[47] Lotto, S.158.

Weiter heißt es hier:

> *Die Form der Wahrnehmung ist nichts weiter als ein Konstrukt des Gehirns aus Erfahrungen, die in der Vergangenheit von Nutzen waren (also die „empirischen Signifikanz eine Information") ...*
>
> *Die Realität, die wir über unsere Sinne wahrnehmen, ist vielmehr die Bedeutung, die unser Gehirn den bedeutungslosen Informationen, die es erhält, zuweist – also die Bedeutung, die unsere Ökologie Ihnen gibt. Es ist wichtig zu begreifen, dass die Bedeutung einer Sache nie die Sache selbst ist. In anderen Worten, Wahrnehmung funktioniert wie das Lesen eines Gedichts. Ein Gedicht könnte prinzipiell alles bedeuten und erhält seine Bedeutung erst, wenn wir es interpretieren.*

Über die primäre Bedeutungslosigkeit der Sinnesinformationen heißt es weiter:

> *Tatsächlich könnten die Informationen, die wir über unsere Sinne von der Welt erhalten, Alles bedeuten. Sie sind nichts weiter als Energie oder Moleküle. Die Photonen, die in unser Auge fallen, die Vibrationen, die durch die Luft unser Ohr erreichen, das Auseinanderbrechen von Molekularketten, das zu Reibung auf unserer Haut führt, die chemischen Verbindungen, die auf unserer Zunge landen oder uns in die Nase steigen - Formen elektrischer oder chemischer Energie. Aus ihnen besteht unsere physikalische Welt – die reale Realität, wenn man so will.*
>
> *Aber zu den Quellen dieser Energie haben wir keinen wirklichen Zugang, lediglich zu den Energiewellen oder chemischen Gradienten, die diese erzeugen. Wir nehmen Veränderungen in der Materie wahr, aber nicht die Materie selbst. Es wäre auch nutzlos, direkten Zugang zur „Materie" zu haben, da diese isoliert keinerlei Bedeutung hat – so wie ein einzelnes Wassermolekül uns nichts über einen Whirlpool sagen kann. Wir erhalten unsere Information gewissermaßen ohne Gebrauchsanweisung.*

Ein weiteres eindrucksvolles Beispiel aus diesem Buch, das hier nicht wörtlich, aber sinngemäß wiedergegeben wird (Fettdruck wie im Original), ist eine Demonstration dessen, dass das Gehirn sich auch manipulieren lässt, weil es immer in einem Kontext denkt, und dieser ist manchmal der falsche. Hier das Beispiel:[48]

Ihre Aufgabe ist, einfach nur zu lesen, was Sie sehen (laut oder leise):

Kö en S e d s l sen

Höchstwahrscheinlich haben Sie den folgenden vollständigen und zusammenhängenden Satz gelesen: *Können Sie das lesen?*

---

[48] Lotto, S. 159-160.

Versuchen wir es mit einem zweiten Satz. Lesen Sie, was Sie sehen:

W s le en ie?

Diese Buchstaben machen als einzelne Informationen keinen Sinn, was offensichtlich ist. Sie werden aber sicher sehr schnell herausgefunden haben, wie dieser Satz vollständig heißen könnte:

Was lesen Sie?

Das ist aber wesentlich mehr als die Erstinformation weiter oben. Warum konnte das Gehirn die Lücken füllen und dem Satz einen sinnvollen Inhalt geben? Weil die Erfahrung dem Gehirn die Kodierung für das statistisch wahrscheinlichste Aufeinandertreffen von Buchstaben im Deutschen vorgegeben hat. Das Gehirn hat seine Erfahrung mit Sprache angewandt und das gelesen, was in der Vergangenheit nützlich war – es hat Buchstaben gelesen, obwohl da keine waren. Wörter sind Konstrukte unserer Vergangenheit und Kultur. Was uns wieder darauf zurück bringt, dass unser Gehirn das Bedürfnis hat, Beziehungen herzustellen – in diesem Fall Verbindungen zwischen einzelnen Buchstaben.

Aber Vorsicht, das Gehirn kann einen auch zu einer Falschinterpretation verleiten, weil es die wahrscheinlichste Version wählt und weniger wahrscheinliche ausblendet. Der Satz könnte nämlich – statt „Was lesen Sie" auch lauten:

Was lernen Sie?

Warum haben wir das nicht gelesen? Weil das Gehirn im Kontext denkt, und wenn Sie oben einmal schauen, wie die Frage hieß (Was **lesen** Sie hier?) und wie oft das Wort „lesen" vorkommt, können Sie nachvollziehen, dass unser Gehirn aus den Buchstaben „le en" das Wort „lesen" macht. Hätte die Eingangsfrage gelautet „Was **lernen** Sie hier?", dann hätten Sie wahrscheinlich die zweite Version „gelesen". Man hätte auch in einem anderen Kontext „legen", oder „leben" hineininterpretieren können. – Quod erat demonstrandum.[49]

Damit zeigt sich, dass die Erstinformation der Buchstaben für das Gehirn nur der Eingangsimpuls ist. Wir haben Lesen gelernt und wir haben gelernt, den Wörtern eine Bedeutung oder einen Inhalt zu geben, das sind alles Leistungen des Gehirns.

So ist beispielsweise das Rotlicht einer Ampel an sich sinnlos. Nur im Kontext mit den Dingen, die wir gelernt haben, hier der Straßenverkehrsordnung (oder aus Angst vor einem Bußgeldverfahren), gibt das Gehirn uns darauf die Information, dass wir stehenbleiben sollen.

---

[49] So ist auch für das Lösen von Kreuzworträtseln letztendlich dieser Prozess verantwortlich: Für eine vorgegebene Buchstabenfolge wird eine andere, sinngemäße, gesucht. Auch dabei spielt der Kontext eine Rolle: Bei einfachen Rätseln „Bild zu Bild", wie beispielsweise „Nebenfluss des Rheins" oder auch bei anspruchsvollen Rätseln wird man bewusst in die Irre geführt – durch den falschen Kontext, wie beispielsweise: „Hier an den Turnhallenwänden, da auf dem Teller" – Haben Sie's? (Sprossen!).

Das Ohr hört permanent ein Spektrum von Schallwellen, die uns umgeben. Gleichzeitig prüft das Gehirn diese Erstinformationen permanent auf wesentliche Inhalte, die bewusst gemacht werden müssen, weil z.B. eine Gefahr droht (es weckt uns auch aus dem Schlaf) oder eine Handlung folgen muss bzw. sollte. So können wir uns in einer Runde mehrerer Personen gut auf ein Zweiergespräch konzentrieren, weil unser Gehirn alle anderen Gespräche „wegdrückt". Es bleibt aber aufmerksam und bei bestimmten Stichworten aus Parallelgesprächen wird man aufmerksam und ändert seinen Fokus auf dieses andere, nunmehr für unser Hirn aktuellere und wichtigere Gespräch. Wir können dann, falls gewollt, unser Zweiergespräch unterbrechen, und uns dem interessanteren Gespräch zuwenden.

Das führt aber letztendlich dazu, dass verschiedene Individuen trotz gleicher Sinnesreize eine andere Realität sehen können, weil jedes Individuum die Sinnesreize mit seinem Erfahrungshintergrund kombiniert und damit unter Umständen ein völlig anderes Bild sieht. Wenn Sie sich das Beispiel von oben mit dem Gorilla im Film noch einmal vor Augen führen, dann würde ein Proband, den man vorher fragen würde, ob er einen Gorilla durch das Bild gehen sieht, den Gorilla natürlich sehen. Diejenigen aber, denen man die Frage gestellt hat, wie viele Bälle ausgetauscht werden, haben den Gorilla teilweise nicht gesehen, weil sie einen anderen Kontext hatten und das Gehirn ihnen den Gorilla sozusagen vorenthalten hat. Dies geschieht, weil er nicht nur in diesem Kontext keine Bedeutung hatte, sondern weil er bei der Lösung der eigentlichen Aufgabe – des Zählens der Ballkontakte - sogar gestört hätte.

Bei einem Flugzeugabsturz in den USA haben sehr viele Zeugen am abendlichen Strand beobachten können, wie ein Flugzeug nach einer Explosion ins Meer gestürzt ist[50]. Bei der Befragung der Zeugen in dem zitierten Video ergaben sich diverse Widersprüche. In unserem Zusammenhang ist hier aber der Kommentar in dem offiziellen Untersuchungsbericht von Interesse:

> ....*suggestions by investigators and by the media about missiles more than*
> *likely planted false memories in the minds of the witnesses.*

Das bedeutet, dass die Aussagen der Zeugen sowohl von Untersuchungsbeamten als auch von der Presse beeinflusst waren, dadurch, dass gefragt wurde ob, bzw. berichtet wurde, dass eine Rakete das Flugzeug getroffen haben könnte – was sich später als falsch herausstellte. Viele der Zeugen jedoch haben dies aufgenommen und berichtet, eine solche Rakete gesehen zu haben, aufgrund ihrer „Vorpolung". Genau wie das Gehirn den Gorilla ausgeblendet hat, hat es in diesem Fall bei einigen Zeugen eine Rakete hinzugedichtet.

Ein weiteres Beispiel: Bei einer echten Blindverkostung – heißt hier tatsächlich mit verbundenen Augen - hat man Weinkennern verschiedene Weine vorgesetzt. Konkret heißt das hier, dass dem Gehirn bei der Interpretation der Informationskanal Sehen nicht zur Verfügung gestanden hat. Tatsächlich war es so, dass die Weinkenner bei der Verkostung teilweise nicht einmal Rot- von Weißwein unterscheiden konnten – was zeigt, dass nicht der Geschmack des Weines, sondern seine Farbe uns mitteilt, ob es sich um einen Rotwein oder um einen Weißwein handelt. Für die wirklichen Kenner wiederum auch erklärlich: So gibt es z.B. in Frankreich einen „Blanc de Noir", einen Weißwein, der aus blauen Trauben hergestellt wird, er bleibt nur

---

deshalb weiß, weil die blaue Traubenhaut schnell entfernt wird und damit keine Färbung des Weins eintritt – damit ist es tatsächlich ein „weißer Rotwein".

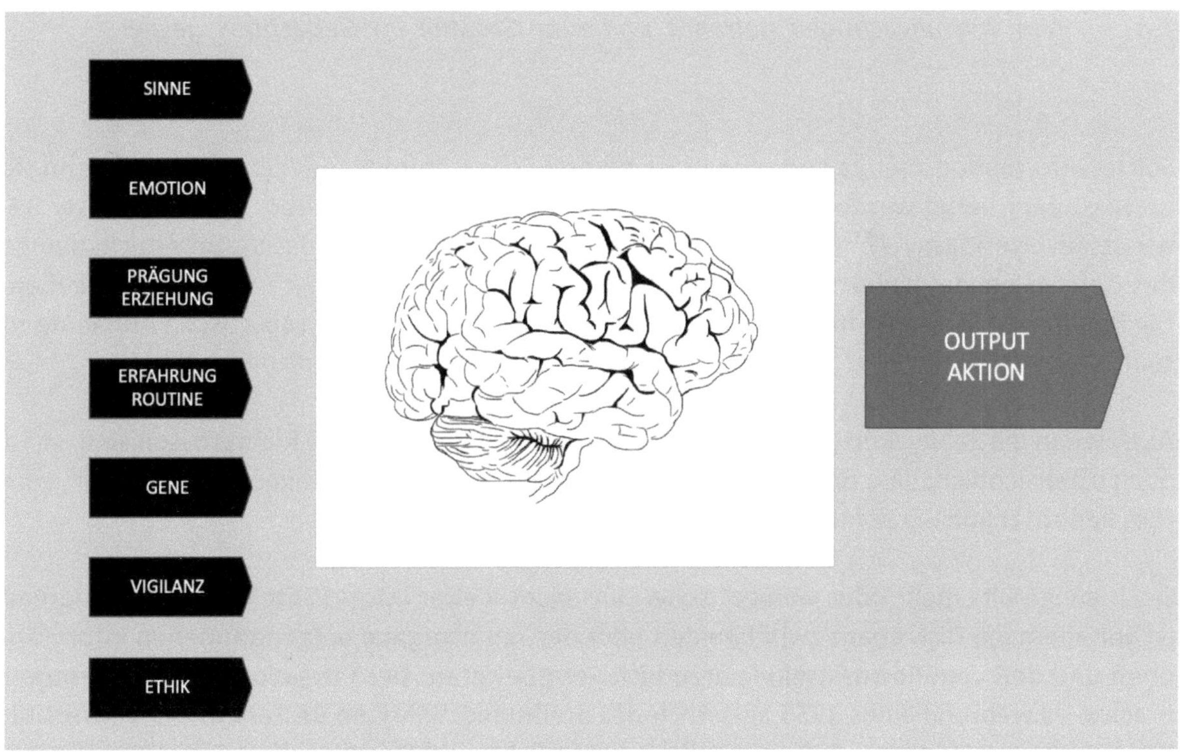

Abbildung 1: Input(s) und Outputs unseres Gehirns(Graphik des Autors)

Die Abb. 1 zeigt die verschiedenen Inputs, die unserem Gehirn zur Verfügung stehen, um einen Output zu erzeugen – welcher Art dieser auch immer sei. Man sieht, dass es neben den Sinnen, die einem unmittelbar als Inputs einfallen, noch viele andere Einflussgrößen für unsere Entscheidungen gibt. Sicher gehört eine Quantisierung der einzelnen Faktoren in den Bereich der Spekulation, aber die These, dass die Sinne nur einen kleinen Teilbereich des Gesamtinputs ausmachen (beim Auge, wie wir oben gesehen haben, sogar nur 10%), scheint richtig zu sein.

Es ist fundamental wichtig für die Beurteilung von Situationen, zu verstehen, dass verschiedene Individuen die gleiche Situationen unterschiedlich interpretieren bzw. sehen oder erleben. Dies gilt insbesondere in kritischen Situationen, wie zum Beispiel solchen, die Unfällen oder Katastrophen vorausgehen. Darauf werden wir in den späteren Abschnitten noch einmal ausführlich zurückkommen, da diese unterschiedliche Beurteilung der gleichen objektiven Situation sehr oft die Quelle von Fehlhandlungen darstellt.

Das Gehirn empfängt permanent Signale in gigantischen Mengen aus der Umwelt (so überträgt allein der Sehnerv seine Signale ca. 10 Mbit/Sekunde an das Gehirn), sowie vom eigenen Körper, die gar nicht alle parallel verarbeitet werden können. Nur nach einem entsprechenden Filterprozess kann das Hirn dann mit der eigentlichen Verarbeitung beginnen:

Pro Sekunde strömen 400 Milliarden Bits an Eindrücken und Wahrnehmungen über die Sinne und aus dem Körper auf den Menschen ein. „Nur" 2000 Bits pro Sekunde können letztlich vom Gehirn aufgenommen und in spezialisierten Arealen weiter-verarbeitet werden. In diesen und weiteren Arealen werden die Informationen interpretiert, mit anderen verknüpft, die wichtigen von unwichtigen getrennt und zum Großteil im Gedächtnis gespeichert.[51]

Solche Informationsmengen würden jedes menschliche Gehirn massiv überfordern, wenn sie bewusst verarbeitet werden müssten, das sollte sofort einleuchten. Aber was kann unser Bewusstsein »verkraften«? Hierzu gibt es Forschungsergebnisse, die die Verarbeitungsmenge des Gehirns bei der bewussten Wahrnehmung mit rund 40 – 2.000 Bit / Sekunde[52] angeben. Die Bandbreite schwankt natürlich, aber 50 Bit/Sekunde scheint eine realistische Annahme zu sein.

Auch wenn die Zahlenwerte, die angegeben werden, sicher nur grobe Richtgrössen sind, so ist doch offensichtlich, dass nur ein sehr kleiner Bruchteil der Informationen „intellektuell" vom Hirn kapazitätsmässig verarbeitet werden kann.

Doch einige Bits mehr oder weniger sollen uns nicht weiter interessieren, denn faszinierend ist vor allem die Diskrepanz zwischen den über die Sinnesorgane aufgenommenen Informationen und den vom Bewusstsein letztendlich verarbeiteten. Der Physiologe Dietrich Trincker brachte es während eines 1965 anlässlich des dreihundertjährigen Bestehens der Universität Kiel gehaltenen Vortrages auf die nützliche (und nüchterne) Faustregel:

In den Kopf gelangen eine Million mal mehr Bits, als das Bewusstsein erfasst.

Was bedeuten würde, dass die 50 Bit / Sekunde aus einem steten Strom von 50Mbit / Sekunde herausgefiltert werden, der auf uns einströmt.

Um noch einmal zusammenfassend die verschiedenen Reaktion der Menschen auf einen Reiz aus der Umwelt zu erfassen, ist es vielleicht hilfreich, die diversen Reaktionen auf einer Zeitskala (logarithmisch, s. Bild 2) darzustellen. Die Reaktionszeit ist ein wichtiger Punkt für die Vermeidung von Unfällen oder Katastrophen.

---

[51] www.systemics.us

[52] Diese große Bandbreite bei der Verarbeitungsgeschwindigkeit des Gehirns mag daher rühren, dass nicht immer sauber unterschieden wird zwischen unbewusster Wahrnehmung (eher am oberen Ende) und bewusster Wahrnehmung (eher am unteren Ende)

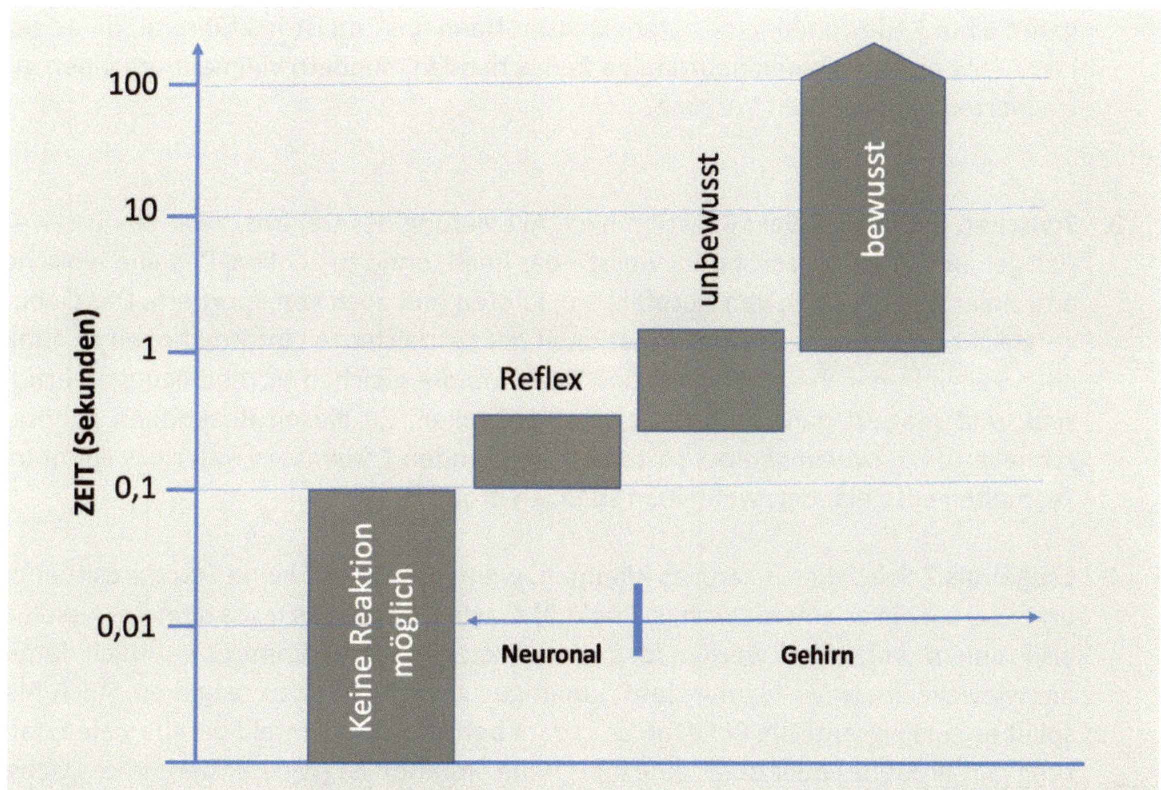

Abbildung 2: Typische Reaktionszeiten auf äußere Reize (Graphik des Autors)

Es ist hier auch wichtig zu wissen, dass die Geschwindigkeit, mit der Nerven einen Reiz, bzw. einen Befehl des Gehirns an einen Muskel weiterleiten, im Bereich zwischen 1 und 100 Meter/Sekunde variiert. Man stelle sich einen Reiz vor, der von der Hand an das Gehirn geleitet, dort verarbeitet wird und zu einer Aktion im Beinbereich führt. Dabei sind ca. ein bis zwei Meter zu überwinden (ohne die Zeit für die Verarbeitung im Gehirn zu berücksichtigen). Das führt zu einer minimalen Reaktionszeit, allein durch die Nervenleitung von ein bis zwei Sekunden im allergünstigsten Fall.[53]

Man kann die folgenden prinzipiellen Fälle unterscheiden (die Zeiten sind grobe Richtwerte und auch natürlich individuell sehr unterschiedlich je nach Training, Konstitution, Alter etc.):

1. **Unterhalb von 0,1 Sekunden**: Hier ist für den Menschen keine Reaktion möglich[54]

2. **Zwischen 0,1 und 0,3 Sek.**: Reaktion durch Reflex. Diese Reaktion ist aber extrem marginal und nur sehr eingeschränkt, da hier ein entsprechender Reflex existieren muss (z.B. der bekannte Hammerschlag auf das Knie und das Ausschlagen des Beines). Der Reflex funktioniert rein neuronal und geht nicht über das Gehirn. Insofern ist die oft

---

[53] Nicht ohne Grund benennt man so die „Schrecksekunde", das ist die typische Zeit, die der Autofahrer braucht, um z.B. ein Hindernis zu erkennen wie beispielsweise eine Person auf der Fahrbahn.

[54] Bei einer Maschine sind sehr wohl viel kürzere Zeiten möglich: Die Signallaufzeiten folgen der Lichtgeschwindigkeit und die Signalverarbeitung spielt sich im Gigahertzbereich ab, da gibt es schon einen Output nach Mikrosekunden oder Nanosekunden, und sogar noch schneller, also bis zu 10 Größenordnungen schneller, als der Mensch reagieren könnte.

gebrauchte Redewendung des „reflexhaften Handelns" meist irreführend, da es sich hier meist nicht um einen neuronalen Reflex handelt, sondern vielmehr um einen gut trainierten unbewussten Vorgang.

3. **Zwischen 0,3[55] und 2 Sek**: Reaktion nach Aktivierung des Gehirns, zwar Bewusstwerden genannt, aber zunächst unbewusst – das heißt, ohne zu denken. Das sind typische, antrainierte Reaktionen von Autofahrern, Piloten und auch von Sportlern. Das Gehirn vergleicht die empfangenen Informationen mit gespeicherten Informationen zu ähnlichen Fällen in der Vergangenheit und prüft, ob die gleichen Vorbedingungen erfüllt sind, und reagiert dann - ohne bewusstes Denken. Zu diesen Reaktionen gehören schnelle Lenkbewegungen bei plötzlich auftretenden Ereignissen, oder das spontane Festhalten am Geländer, wenn man zu fallen droht.[56]

4. **Länger als 2 Sek.**: Hierzu kann es kommen, wenn das Gehirn keine Standardsituation erkennt, auf die es automatisch (s. Punkt 3) reagieren kann. Es muss dem Bewusstsein als Problem „vorgelegt" werden, das es zu lösen gilt. Jetzt kommt es natürlich darauf an, wieviel Zeit zur Verfügung steht, um in geeigneter Weise zu reagieren. Auch hier spielt es eine wesentliche Rolle, ob es in dem betreffenden Umfeld bereits viele Erfahrung gibt (Routine) oder ob es eine ganz neue Situation ist (wie der berühmte „Ochse vor dem neuen Tor"). Dies bezeichnet man vielfach auch als eine „Entscheidung unter Druck" (natürlich ist hier Zeitdruck gemeint), die je nach Persönlichkeitstyp auch sehr verschieden ausfallen kann.[57] So kann rationales Denken besser gelingen, wenn der

---

[55] Dehaene, S 203: *„Bewusste Wahrnehmung ist das Ergebnis einer Welle neuronaler Aktivität, die den Kortex über seine Erregungsschwelle kippt. Ein bewusster Reiz löst eine sich selbst verstärkende Lawine aus, die am Ende viele Regionen zu einem verschränkten Zustand anregt. Während dieses bewussten Zustands, der annähernd 300 Millisekunden nach dem Einsetzen des Reizes anfängt, werden die Stirnregionen des Gehirns von unten nach oben über den sensorischen Input informiert, aber diese Regionen senden auch ausgeprägte Projektionen in die entgegengesetzte Richtung – von oben nach unten und in viele verstreute Areale. Das Endergebnis ist ein vernetztes Gehirn aus synchronisierten Arealen, deren unterschiedliche Facetten uns viele Signaturen des Bewusstseins liefern."*

[56] Wie wir später noch sehen werden, steckt gerade hier vielfach die Ursache von Fehlentscheidungen, weil – aus welchen Gründen auch immer – die unbewusste Reaktion in diesem Fall nicht geeignet war, den Unfall zu verhindern oder ihn sogar vielleicht verursacht hat, weil es z.B. in dieser Situation ein nicht in der Erfahrung hinterlegtes Element gab, das die unbewusste Handlung „in die Irre" geführt hat.

[57] Praktisch bedeutet eine Entscheidung unter Zeitdruck, dass man nicht die Zeit hat, „in Ruhe" alle Aspekte der vorgelegten Problematik gegeneinander abzuwägen – und dadurch der für diese Situation entscheidende Aspekt nicht in Betracht gezogen wird – z. B. weil er nicht mit Priorität behandelt wurde, weil er in der Erfahrung bisher sehr selten vorkam.
Hier ist das Schachspiel wieder ein sehr gutes Beispiel: Die ersten 40 Züge müssen in Wettkämpfen innerhalb von zwei Stunden durchgeführt werden. Wer diese Zeit überschreitet und die Züge dann nicht vollendet hat, hat in jedem Fall verloren, unabhängig von der jeweiligen Stellung. In der Praxis ist es dann so, dass bei manchen Zügen im Mittelspiel sehr lange, bis zu einer Stunde nachgedacht wird, weil man hier an einem entscheidenden Punkt steht und sehr viel überlegen muss, um herauszufinden, wie man weitermachen soll. Zum Ende der zwei Stunden ist es dann oft so, dass für z.B. zehn Züge nur noch eine Minute zur Verfügung steht. Dann häufen sich natürlich die Fehler, weil die Zeit viel zu kurz ist, um die optimalen Züge zu finden. Deshalb macht man in Zeitnot idealerweise „Hinhaltezüge" – wenn das möglich ist. Lange nachdenken ohne Einschränkung kann man im Fernschach, denn hier gibt es keine Zeitvorgaben, immer nur kurz nachdenken dagegen im Blitzschach – mit fünf Minuten Bedenkzeit für alle Züge.

Mensch die Ruhe bewahrt, wohingegen die Panik den gegenteiligen Effekt erzeugt, wie wir wissen. Hierzu gehört auch das Nutzen von Checklist, weil in ihnen auch das Denken aus vorhergehenden Ereignissen beinhaltet ist.

5. **Sehr lange Zeiten:** Dies ist der Fall, wenn (fast) oder gar kein Zeitdruck besteht, wie beispielsweise bei der Konstruktion einer neuen Maschine. Dies sind in der Regel rein intellektuelle Prozesse,[58] die natürlich auch zu Fehlern führen können, die in dieser Betrachtung insofern eine Rolle spielen, als diese dann irgendwann auch zu einem Unfall oder zu einer Katastrophe führen können.

Vorausgreifend kann man jetzt schon sagen, dass im Fall von Versagen in hochkomplexen technischen Anlagen im Wesentlichen die Punkte 3 (hauptsächlich) und 4 relevant sind. Darauf werden wir in den praktischen Beispielen zurückkommen.

Noch bemerkenswerter erscheint es, wenn es sogar zu einer Reaktion vor dem Reiz kommt, die sog. Präkognition, aber auch hier gibt es eine logische Erklärung.[59]

Dehaene stellt zum Thema Bewusstsein zusammenfassend fest:

Dieser Theorie zufolge ist Bewusstsein einfach ein das ganze Gehirn umfassender Informationsaustausch. Was auch immer wir bewusst wahrnehmen, wir können es noch lange, nachdem der entsprechende Reiz aus der Außenwelt verschwunden ist, im Gedächtnis behalten. Das liegt daran, dass unser Gehirn ihn in den Arbeitsbereich befördert hat, der ihn unabhängig von Zeit und Ort der ersten Wahrnehmung bewahrt. Deswegen können wir ihn in jeder beliebigen Weise nutzen. Insbesondere können wir ihn an unsere Sprachprozessoren weiterleiten und ihn benennen – aus diesem Grunde ist die Fähigkeit, etwas mitzuteilen, ein entscheidendes Merkmal eines bewussten

---

Im Grunde arbeitet unser Gehirn analog zu einem Schachcomputer: Je länger man nachdenken kann, desto tiefer kann man in die Position und die Analyse des optimalen Zuges „einsteigen", um so mehr Züge kann man vorausplanen etc. Nur kommen bei uns Menschen noch die Emotionen in jeweils typischer individueller und nicht planbarer Art und Weise hinzu, was beim Computer natürlich nicht der Fall ist.

[58] Eventuell sind neben den rein intellektuellen Prozessen auch andere Parameter dabei: Natürlich werden auch bei der Konzeptionierung oder Planung von Maschinen oder Anlagen Experimente oder Messungen durchgeführt, so dass es sich dadurch nicht um einen rein intellektuellen Prozess handelt.

[59] Dehaene, S. 205: *„Einige Experimente entdecken sogar im Gehirnsignalen, die <u>vor</u> der Präsentation in den visuellen Reizes aufgezeichnet werden, ein Korrelat zur bewussten Wahrnehmung. Das scheint nun noch merkwürdiger zu sein: wie kann die Gehirn Aktivität bereits ein Zeichen bewusster Wahrnehmung enthalten, wenn der Reiz erst ein paar Sekunden später angezeigt wird? Ist das ein Fall von Präkognition? Natürlich nicht. Was wir erleben, sind einfach die Voraussetzungen, aus denen <u>im Durchschnitt</u> mit höherer Wahrscheinlichkeit eine ausgewachsene Lawine bewusster entsteht. Vergessen Sie nicht, dass die Gehirn Aktivität in ständigem Fluss ist. Manche dieser Fluktuationen helfen uns, die gewünschten Zielreize wahrzunehmen, andere dagegen beeinträchtigen unsere Fähigkeit, uns auf die Aufgabe zu konzentrieren. Bildgebende Verfahren sind inzwischen empfindlich genug, jene Signale einzufangen, die schon vor einem Reiz die Bereitschaft der Großhirnrinde anzeigen, ihn wahrzunehmen. Wenn wir von dem Wissen ausgehen, dass bewusste Wahrnehmung stattgefunden hat, und die Durchschnittswerte zurückverfolgen, stellen wir fest, dass diese frühen Ereignisse das spätere bewusste Erkennen teilweise vorhersagen. Dennoch sind sie noch nicht konstitutiv für einen bewussten. Zur bewussten Wahrnehmung scheint es erst später zu kommen, wenn vorher existierende Neigungen und eintreffende Sinnesdaten sich zu einer vollständig ausgeprägten Erregung verbinden."*

> *Zustands. Wir können sie aber im Langzeitgedächtnis speichern oder für künftige Vorhaben jeder Art nutzen. Die flexible Verteilung von Informationen ist meiner Ansicht nach eine typische Eigenschaft des bewussten Zustandes.* [60]

Interessant ist auch die Frage, die nach wie vor unbeantwortet ist, ob sich das Bewusstsein physiologisch in irgendeiner Art und Weise nachvollziehen lässt. Hierzu stellt Eidemüller fest:

> *Es ist heute trotz des unglaublichen Zuwachses an Wissen über die Struktur und Funktionalität des menschlichen Gehirns genauso unklar wie im 19. Jahrhundert, wie denn eine neurophysiologische Erklärung des Bewusstseins auszusehen hätte und wie sich mentales Vokabular durch naturalistisches ersetzen ließe.* [61]

Eine weitere interessante Frage ist, warum zwei Gehirne (oder besser: zwei Menschen) bei gleicher Ausgangssituation nicht identisch denken, bzw. zwei Menschen in derselben realen Situation zu verschiedenen Schlüssen kommen können, hierzu ein Zitat:

> *Was lässt sich daraus schließen über die Frage, wie geistige Unterschiede zwischen einzelnen Individuen physiologisch im Gehirn repräsentiert sind? Betrachtete man die Verbindung zwischen meinen Neuronen, könnten wir dann verschiedene Strukturen finden, die sich identifizieren lassen als Kodierung gewisser spezifischer Inhalte, die ich kenne, spezifische Ansichten, die ich habe, spezifische Hoffnungen, Ängste, Vorlieben und Abneigungen? Wenn dem Gehirn geistige Erfahrungen zugeschrieben werden können, können dann Wissen und andere Aspekte des geistigen Lebens ebenfalls auf spezifische Stellen im Gehirn oder auf spezifische physiologische Teile des Gehirns zurückgeführt werden.* [62]

Das heißt, dass dieselbe Situation, in der sich zwei Menschen befinden, aufgrund der im Gehirn hinterlegten Erfahrungen, Ängste, Vorlieben etc. verschieden, manchmal auch sehr verschieden interpretiert wird, und demzufolge auch unterschiedliche Aktionen bzw. Nichtaktionen stattfinden.

An dieser Stelle ein Einschub: Neben dem „physischen" Bewusstsein, wie oben dargelegt als „Arbeit des Gehirns" die uns bewusst wird, gibt es auch noch ein „metaphysisches" Bewusstsein in dem Sinne des Bewusstseins unserer eigenen Existenz, unserer Seele, unseres Geistes, ein „Selbstbewusstsein". Diese metaphysische Komponente ist in unserer Thematik allerdings nicht von Bedeutung. [63]

---

[60] Dehaene, S. 237

[61] Eidemüller (2017), S. 247.

[62] Hofstaedter, S. 366.

[63] Wenn man den Tieren ein Bewusstsein zugestehen möchte, so ist dies auf das physische Bewusstsein einzuschränken, ein metaphysisches Bewusstsein ist den Tieren sehr wahrscheinlich nicht eigen.

Zum metaphysischen Bewusstsein, insbesondere zum Selbstbewusstsein, d.h. zum Bewusstsein über das eigene Selbst – das „Ich" - führen Popper / Eccles an:

> *Ich lebe nicht nur, sondern ich weiß, dass ich lebe. Ich weiß überdies, dass ich nicht für immer leben werde, dass der Tod unausweichlich ist. Ich besitze die Eigenschaften des Selbstbewusstseins und des Todesbewusstseins.*
>
> *Wir wissen nicht nur, dass wir leben, sondern jeder von uns ist sich dessen bewusst, ein Ich zu sein; ein jeder ist sich seiner Identität bewusst.*[64]

Über die Denkfunktion des Gehirns stellt Dennett weiter fest (Unterstreichung durch mich):

> *Dieser Sichtweise zufolge verfolgt das Gehirn die Strategie, permanent „vorwärts gerichtete" Modelle oder probabilistische Erwartungen zu erzeugen, während eingehende Signale dazu dienen, sie – bei Bedarf – zurechtzustutzen. Hat das Lebewesen gerade einen Lauf auf vertrautem Terrain, kommen so gut wie keine Korrekturen mehr an und es weiß dank der nun unwidersprochenen Vermutungen seines Gehirns schnell und genau was als Nächstes zu tun ist.*[65]

Genau diese quasi halbautomatische Funktionsweise des Gehirns birgt eine Falle, die im Fall des menschlichen Versagens regelmäßig zuschnappt: Wenn das Gehirn seine Entscheidungen aufgrund eines vermeintlich „vertrauten Terrains" fällt, übersieht es dabei manchmal ein Detail, das gerade von diesem vertrauten Terrain abweicht und eine neue Entscheidung erfordern würde. Diesem Mechanismus werden wir bei den konkreten Beispielen wiederholt begegnen.

Bezüglich des Timings und des Routinedenkens unseres Gehirns und damit der Frage, was unbewusst oder bewusst geschieht, und welche Zeitabläufe zu berücksichtigen sind, kann man beispielhaft aus der Rechtsprechung das Thema Notwehr betrachten, insbesondere in diesem Zusammenhang auch die sog. Putativ-Notwehr. Wenn uns jemand mit einer Waffe entgegentritt und droht, uns umzubringen, so haben wir das Recht, uns oder auch eine fremde Person mit Anwendung von Gewalt zu verteidigen – unter einigen Randbedingungen, die hier aber keine Rolle spielen. Wir dürfen uns auch verteidigen, wenn objektiv gar keine Notwehrsituation bestanden hat, sehr wohl aber eine subjektive, wenn der Angreifer z.B. mit einer Spielzeugwaffe hantiert oder wenn die Waffe gar nicht geladen war (das bezeichnet man als Putativ-Notwehr).

Nun ist die Frage hier nicht, ob es sich bei Notwehr um eine bewusste oder eine unbewusste Handlung handelt, denn es ist in der Tat immer eine bewusste Handlung. Allerdings steht für diese bewusste Handlung i.d.R. nur sehr wenig Zeit zur Verfügung. Das heißt, es handelt sich um eine Handlung mit unsicheren Randbedingungen – man ist nicht auf „vertrautem Terrain". Das Gehirn macht unter Zeitdruck die Annahme (eine sogenannte „A priori Annahme"), dass eine auf uns gerichtete Waffe geladen und schussbereit ist, und dass der Schütze uns

---

[64] Popper / Eccles, S. 135.

[65] Denett, S. 194.

erschießen wird – weil es im Übrigen auch keine Zeit oder Gelegenheit gibt, das zu überprüfen. Da wegen der Zeitnot keine Möglichkeit besteht, zu prüfen, ob nicht nur subjektiv, sondern auch objektiv die Voraussetzungen der Notwehr gegeben sind, geht das Gehirn vom schlechteren Fall aus und nimmt – ungeprüft – an, dass es sich weder um ein Spielzeug handelt, noch dass die Waffe nicht geladen ist. Nun muss dieser subjektive Eindruck aber auch schlüssig sein – oder anders ausgedrückt, eine Mindestprüfung auf Plausibilität wird vom Gehirn auch im Fall der putativen Notwehr verlangt: Tritt einem z.B. ein Kleinkind mit einer Pistole gegenüber, so werden wir von einer Spielzeugpistole ausgehen müssen und können uns nicht auf Notwehr berufen. [66]

Manchmal hindert uns auch eine Routine oder ein vermeintliches Agieren auf vertrautem Terrain daran, eine schnelle Reaktion, die notwendig wäre, nicht zuzulassen, man ist sozusagen vor Schreck gelähmt. So gehen wir beispielsweise beim Befahren der Autobahn in unserer Routine immer davon aus, dass alle anderen Autos in unserer Fahrtrichtung auch tatsächlich in unserer Richtung unterwegs sind. Es ist bekannt, dass es sehr lange dauert, bis man sich darüber „bewusst" wird, wenn man es mit einem Geisterfahrer zu tun hat – er passt nicht in das Routinebild, man verlässt das vertraute Terrain. Diese Schrecksekunde verhindert dann eine schnelle Reaktion. Tatsächlich ist es oft so, dass dem Menschen erst lange nach der Durchfahrt des Geisterfahrers tatsächlich bewusst wird, dass er einem solchen begegnet ist.

Spätestens seit Sigmund Freud wissen wir auch, dass das Gehirn, und damit auch unser Bewusstsein, von unserer Psyche beeinflusst werden – sowohl bewusst als auch unbewusst. So ist z.B. das kurzfristige Vergessen einer Information, die sich im Speicher des Gehirns sicher aufhält, auf eine psychische Reaktion zurückzuführen, die das Abrufen dieser Information zu diesem Zeitpunkt aus irgendeinem Grund verhindert. Dazu gehört auch die „Freudsche Fehlleistung", bei der man ungewollt durch die falsche Wahl eines Wortes etwas offenbart.

Es gibt weiterhin noch den kuriosen Effekt, dass das Gehirn und unser Verstand es uns ermöglichen, außerhalb der physikalischen Gesetze zu denken, bzw. sich davon frei zu machen, hier sei ein Beispiel von Hofstaedter dargestellt:

---

[66] Zur Notwehr siehe § 33-34 des Strafgesetzbuches.

*Wenn ich Ihnen zum Beispiel nun vorschlage, sie sollten sich eine Szene vor-
stellen, in der sich zwei Automobile frontal näherkommen und dann durch-
einander hindurch fahren, haben sie keinerlei Schwierigkeiten, es zu tun. Die
intuitiv erfassbaren physikalischen Gesetze könnte durch imaginäre physikalische Gesetze überschrieben werden; Aber wie das geschieht, wie solche
Bildfolgen erzeugt werden können, ja was eine bildliche Vorstellung ist – das
sind tief verhüllte Geheimnisse, unzugängliche Wissensbereiche.*[67]

Dehaene stellt einen Vergleich zwischen der Quantenmechanik und dem Denken unseres Gehirns an. Er schließt damit, dass er festhält, dass das Gehirn eigentlich aus allen möglichen
Szenarien, die es vor einer konkreten Handlung durchspielt, dasjenige aussucht, dass die
größte Erfolgswahrscheinlichkeit aufweist. Demnach führt es folgende, nicht triviale Berechnung durch:

*Der ganze Prozess weist eine faszinierende Analogie zur Quantenmechanik
auf (obwohl die neuronalen Mechanismen höchstwahrscheinlich nur auf der
klassischen Physik beruhen). Quantenphysiker erzählen uns, dass die physikalische Realität eine Überlagerung von Wellenfunktionen sei, die festlegen,
mit welcher Wahrscheinlichkeit ein bestimmtes Teilchen in einem bestimmten Zustand vorzufinden ist. Doch wann immer wir uns um eine Messung be-
mühen, kollabieren diese Wahrscheinlichkeiten zu einem festgelegten „Alles-
oder-Nichts" Zustand. Seltsame Mischzustände, wie Schrödingers berühmte
Katze, die halb tot und halb lebendig ist, beobachten wir tatsächlich nie. Gemäß der Quantentheorie zwingt der blosse Akt physikalischer Messung die
Wahrscheinlichkeiten, zu einer einzigen diskreten Messung zu kollabieren.*

*In unserem Gehirn geschieht etwas Ähnliches: Allein die bewusst auf ein Ob-
jekt gerichtete Aufmerksamkeit bereitet der Wahrscheinlichkeitsverteilung
ihrer verschiedenen Interpretationen ein Ende und vermittelt uns nur eine
davon. Das Bewusstsein fungiert als eigenständige Messvorrichtung, die uns
nur einen einzigen flüchtigen Blick auf das darunter liegende riesige Meer
der unterbewussten Rechnungen gewährt.*[68]

Damit kann man summarisch feststellen, dass unser Gehirn und unser Bewusstsein nicht nur
auf äußere Reize reagieren, sondern auch auf die in unserem Gedächtnis hinterlegten Erfahrungen. Dies führt letztendlich dazu, dass zum einen zwei Menschen aufgrund derselben äußeren Reize unterschiedlich reagieren und zum anderen, dass derselbe Mensch in der gleichen
Situation zu einem anderen Zeitpunkt auch wieder anders reagieren kann.

Dass diese Feststellung keine gute Ausgangslage für die Analyse der Ursachen menschlicher
Fehlleistungen bei Unfällen und Katastrophen ist, steht außer Frage. Gleichwohl fließen die
Ergebnisse dieser Analysen in die Maßnahmen zur Verhütung solcher Ereignisse ein, wie wir
später sehen werden.

---

[67] Hoffstaedter, S. 389.

[68] Dehaene, S. 144 – 145.

Alfred Gierer gibt in seinem Buch eine sehr gute zusammenfassende Darstellung des Bewusstseins:

> *Dem Menschen ist sein eigener Zustand im Bewusstsein unmittelbar gegeben, etwa in Form von Gefühlen, Erinnerungen, Absichten, Gedanken, Ängsten. Was ist bewusst sein? Sicher eine Eigenschaft des Gehirns; also auch ein Ergebnis von physikalisch chemischen Prozessen im Nervennetz. Erklärt dies aber, warum wir einen unmittelbaren Zugang zu unserem inneren, „seelischen" Zustand haben, oft ohne Vermittlung der Sinne, in der Regel ohne Kenntnis der elektrophysiologischen Vorgänge im Nervensystem?*
>
> *Bewusstsein erfasst nur einen kleinen Teil aller Prozesse im Nervensystem: Herzschlag und Atem werden unbewusst geregelt; Aber auch der Prozess des Denkens ist kein vollständig bewusster Vorgang. Wenn man einen Satz denkt oder spricht, wird im Unterbewusstsein bereits der nächste vorgebildet; man beginnt ihn erst, nachdem man „weiss", dass er wenigstens in seiner Grundstruktur „fertig" ist. Auch die Suche nach Erinnerungen, Zusammenhänge, Einsichten, Problemlösungen Erfolg ist in erheblichem Maße unbewusst, oft wird das Ergebnis durch ein „Aha"-Erlebnis in das Bewusstsein gehoben. Bewusstsein ist also in einem gewissen Sinne sehr viel weniger als die Summe der aktuellen ablaufenden Gehirnprozesse. Dies ist nicht verwunderlich, da im Gehirn viele Vorgänge zeitlich parallel stattfinden, das Bewusstsein aber ein Strom des Erlebten in der Zeit ist; Es muss daher einer Auswahl unter allen parallel verlaufenden Prozessen entsprechen. Für das, was ins Bewusstsein gehoben wird, scheint es eine Sortierung nach Selbstbezogenheit, Wichtigkeit, Ungewöhnlichkeit, Neuheit zu geben. Andererseits ist Bewusstsein aber auch weit mehr als eine zeitliche Folge von Momentaufnahmen. Es umfasst Erinnerungen und Erwartungen, betrifft also Vergangenheit und Zukunft. Auch dies beruht aber auf Eigenschaften des Gehirns. Es enthält ein Gedächtnis, dass vergangene Erfahrungen speichert, es kann sich zukünftige Entwicklungen vorstellen, sie bewerten und mögliche Reaktionen darauf planen.*[69]

Für ein tiefergehendes Verständnis zur Funktion des Gehirns, insbesondere zur Verarbeitung der Sinne, sei auf eine allgemeinverständliche Publikation des Bundesministeriums für Bildung und Forschung hingewiesen.[70]Eine für Laien eher schwerer zugängliche Darstellung des Informationsflusses findet man in dem wissenschaftlichen Buch von W. Rupprecht.[71]

---

[69] Alfred Gierer S. 216 -218

[70] *Kosmos Gehirn* publiziert auf <u>www.weltderphysik.de</u> durch die neurowissenschaftliche Gesellschaft – Herausgeber Helmut Kettenmann und Meino Gibson.

[71] *Einführung in die Theorie der kognitiven Kommunikation* von Werner Rupprecht, erschienen im Springer-Verlag 2014.

3. Die Freiheit des Willens

An diese Stelle sei noch auf ein Thema hinzuweisen, das in den einzelnen Disziplinen wie Philosophie (Kant, Schopenhauer) und Psychologie (Freud, Jung) oder auch der Rechtsprechung sehr unterschiedlich gesehen wird: Die „Freiheit des Willens". Diese Freiheit des Willens hat für unser Thema eigentlich nur eine untergeordnete Bedeutung, weil die Menschen, die in unseren Beispielen an den Vorgängen beteiligt sind, die zu einer Katastrophe führen, im Prinzip eine Entscheidungsfreiheit haben und gerade diese Freiheit falsch nutzen. Dennoch ist eine Vertiefung in das Thema hilfreich für das Verständnis der Antriebe, die hinter unseren Entscheidungsprozessen stehen.

Obwohl wir vordergründig immer meinen, wir würden frei entscheiden, so kann es doch im Hintergrund Einflüsse geben, die unser Handeln so beeinflussen, dass man es nicht mehr als frei bezeichnen kann. Dies ist natürlich im Zusammenhang mit möglichen Fehlhandlungen von großer Bedeutung

Von der Freiheit des Willens zu sprechen macht nur dann Sinn, wenn die Entscheidungen, die vor uns liegen, nicht alternativlos sind. Wenn ein Weg erzwungen ist, ist die Freiheit des Willens nicht von Bedeutung.

Zunächst müssen wir uns mit den beiden Termini „Freiheit" und „Willen" auseinandersetzen:

Die Freiheit, die uns sozusagen „zur Verfügung" steht, ist immer in irgendeiner Weise eingeschränkt, durch innere und äußere Grenzen. Wir bewegen uns oder wir stehen in einem Koordinatensystem mit den Achsen, die

- zum Ersten die Realität darstellen (z.B. ein begrenzter Raum oder eine begrenzte Höhe, ein Zeitbereich etc.),

- zum Zweiten unsere innere Konstitution bzw. Präkonditionierung darstellen (seit Freud wissen wir, dass wir nicht nur von unserem Ich, sondern auch von unserem Über-Ich[72] und von unserem Unterbewusstsein gesteuert werden),

- zum Dritten äußere Einflüsse darstellen, wie Ethik oder moralische Maßstäbe, die von unserer Gesellschaft, unserer Erziehung, von der Religion oder anderen Institutionen vorgegeben werden.

In diesem Koordinatensystem sind wir „gefangen", unsere Freiheit ist auf diesen „virtuellen Raum" begrenzt. Aber gerade dies gibt uns die Chance, im Zweifelsfall diese virtuellen Räume durch Erfahrungen auszuweiten oder einzuschränken.

---

[72] Wobei dieses Über-Ich, wie wir später sehen werden, eher in den Bereich der ethisch-moralischen Begrenzung fällt.

<u>Zum Willen</u> (etymologisch auf das germanische „wollen" zurückzuführen[73]) lesen wir bei Wikipedia das Nachfolgende:

> *Zum Willen wird nicht nur die nachhaltige und zielgerichtete Umsetzung von Entschlüssen durch konsequentes Handeln oder mündliche oder schriftliche Willensäußerungen gerechnet. Auch das Unterlassen einer Handlung, wie etwa zu rauchen, kann die Verwirklichung eines Willens sein. Dritte können ein Nichthandeln auch deuten (Kausalattribuierung) als Nichtstun z. B. wegen zu schwachem Willen, aus Faulheit oder aus Bequemlichkeit. Die Deutung kann zutreffend oder falsch sein. Zur Überwindung derartiger „Hindernisse" auf dem Weg zur Zielerreichung wird Willenskraft benötigt; diese wird in der Psychologie und im Management auch Volition genannt.*
>
> *Ebenso kann die Ausübung des Willens durch Erziehung, durch psychische Verletzungen, durch Indoktrination, aber auch durch Störungen des Antriebs, der Stimmung oder des allgemeinen Lebenswillens behindert oder gestört sein.*

Wie bereits ausgeführt, beschränken wir uns hier jedoch auf nichtpathologische Verhaltensweisen. Insofern basiert die Freiheit des Willens im Sinne von unabhängiger Entscheidung zwischen verschiedenen Optionen auf den Ergebnissen eines logischen Denkprozesses oder auch einer unbewussten Entscheidung. Insbesondere besteht hier also dann keine Beeinflussung des freien Willens durch psychische Krankheiten.

Dehaene stellt den freien Willen in seinem Buch wie folgt dar:

> *Wenn wir über den freien Willen diskutieren, meinen wir eine interessante Form von Freiheit. Unser Glaube an den freien Willen drückt die Vorstellung aus, dass wir unter den richtigen Umständen fähig sind, unsere Entscheidungen aufgrund unserer auf höheren Ebenen angesiedelten Gedanken, Überzeugungen, Werte und früheren Erfahrungen zu steuern und Kontrolle über unsere unerwünschten Pulse niedrigerer Ebenen auszuführen. Immer wenn wir eine autonome Entscheidung treffen, üben wir unseren freien Willen aus, in dem wir alle verfügbaren Optionen betrachten, sie abwägen und diejenige auswählen, die wir bevorzugen. In eine willentliche Entscheidung mag ein gewisser Grad an Zufälligkeit einfließen, doch ist das kein wesentliches Merkmal. Meistens sind unsere willentlichen Handlungen alles andere als zufällig: Sie bestehen aus einer sorgfältigen Betrachtung unserer Optionen, der die bewusste Auswahl der von uns bevorzugten Option folgt.*
>
> *Wenn wir über den freien Willen nachdenken, müssen wir daher scharf unterscheiden zwischen zwei intuitiven Anschauungen über unsere Entscheidungen: Ihre grundlegende Unbestimmtheit (eine zweifelhafte Vorstellung) und ihre Autonomie (ein beachtenswerter Gedanke). Die Zustände unseres Gehirns entstehen zweifellos nicht ohne eine Ursache und stehen nicht*

---

[73] Kluge, S. 990.

Im Zusammenhang mit unserer Thematik, den menschlichen Fehlern von Bedienern oder auch von Planern oder Erbauern technischer Anlagen, ist diese philosophische Definition nicht fundamental. Wir gehen in der Praxis von einem real existierenden freien Willen aus, der eine bestimmte Handlung vor anderen Optionen unter den jeweils gegebenen Umständen zur Folge hat, insbesondere ist hier natürlich auch die Kontrolle über die unerwünschten Impulse wichtig.

Natürlich denken wir in alltäglichen Situationen, dass wir frei in unseren Entscheidungen sind und nicht in irgendeiner Weise ferngesteuert. So entscheiden wir frei, wohin wir in Urlaub fahren, was wir zum Essen im Restaurant bestellen etc. Aber die Thematik liegt hier viel tiefer, denn der Mensch könnte durchaus „ferngesteuert" sein, ohne dass er es merkt. Das werden wir im Folgenden versuchen zu verstehen, insbesondere im Hinblick auf die Auswirkung(en) des freien oder mehr oder weniger unfreien Willens auf die Fehler, bzw. das menschliche Versagen bei Unfällen und Katastrophen.

Hier noch zwei weitere Beiträge zum Thema „Der freie Wille": Zuerst einmal Michael Kühler von der Universität Bern, der die Frage: „Gibt es den freien Willen?" folgendermaßen beantwortet:

---

[74] Dehaene, S. 378.

*Willensfreiheit verstehen sollten, welches also ein brauchbarer oder sinnvoller Be-
griff von Willensfreiheit ist.*

*Die philosophische Debatte um das Verständnis und die Existenz von Willensfrei-
heit hat sich nicht zuletzt an der Frage entzündet, ob eine – wie auch immer näher
definierte – Freiheit des Willens verträglich mit der Annahme des Determinismus
ist, d.h. mit der Vorstellung, dass der Verlauf der Ereignisse in der Welt auf der
Basis der Naturgesetze kausal festgelegt ist. Denn wie könnten wir willensfrei sein,
wenn der Verlauf der Ereignisse und damit auch der Verlauf unserer Willensbildung
nicht anders sein kann, als er nun einmal determiniert ist?*
*Dass Willensfreiheit mit dem Determinismus unverträglich ist, ist die Kernthese
des Inkompatibilismus. Wenn die Geschehnisse der Welt, inklusive der Vorgänge
im Gehirn, rein kausal nach Naturgesetzen ablaufen, so kann es demzufolge keine
Willensfreiheit geben. Allerdings liegt diesem Inkompatibilismus ein Verständnis
von Willensfreiheit zugrunde, das diese Unverträglichkeit unausweichlich macht.
Diesem Verständnis zufolge bedeutet über einen freien Willen zu verfügen, zwischen alternativen, gleichermaßen offenstehenden Optionen wählen zu können,
d.h. unter ein und denselben Bedingungen den einen oder anderen Willen ausbilden und sich für die eine oder andere Option entscheiden zu können. Kurz: Willensfreiheit schließt ein Anderskönnen ein. Dies ist der Grund, weshalb ein solches Verständnis von Willensfreiheit innerhalb einer deterministischen Weltauffassung, die
ausschließlich einen einzigen und zumal determinierten Weltverlauf kennt, unmöglich ist.*
*Auch wenn wir ein solches Verständnis von Willensfreiheit im Alltag häufig, zum
Teil sicher unbewusst, voraussetzen, ist doch zu fragen, ob wir Willensfreiheit tatsächlich so verstehen sollten. Denn wenn unsere Entscheidungen unter exakt denselben Bedingungen so oder anders ausfallen können, dann sind sie letztlich offen-
bar Produkte des Zufalls und liegen nicht an uns selbst. Wenn es hingegen an uns
selbst liegen soll, wie wir uns entscheiden, dann müssen für unterschiedliche Entscheidungen auch unterschiedliche, uns betreffende (kausale) Vorbedingungen gegeben sein, z.B. Unterschiede in unserem Charakter, in unseren Wünschen, Einstel-
lungen oder Vorlieben. Worum es uns im Verständnis der Rede von einem freien
Willen demnach in erster Linie gehen sollte, ist Selbstbestimmung.*
*Hier setzen kompatibilistische Positionen an, die ein Verständnis von Willensfrei-
heit zu formulieren suchen, das nicht nur mit dem Determinismus ausdrücklich ver-
einbar, d.h. eben kompatibel, ist, sondern auch der Idee Rechnung trägt, dass es an
uns selbst liegt, wie wir unseren Willen ausbilden und uns entscheiden. So können
wir kompatibilistischen Überlegungen zufolge getrost auf die Bedingung des An-
derskönnens verzichten, weil sie für die Idee der Selbstbestimmung gar nicht zent-
ral ist. Beispielsweise kann ich durchaus selbstbestimmt in einem verschlossenen
Raum sitzen, wenn ich ausdrücklich in diesem Raum sitzen will und keinerlei
Wunsch hege hinauszugehen. Dass ich den Raum nicht verlassen kann, hindert uns
in diesem Fall nicht daran zu sagen, dass ich frei bin, genau das zu tun, was ich will.
Entscheidend für die Freiheit des Willens ist damit nicht, dass uns Alternativen of-
fenstehen, sondern der Umstand, dass es unser eigener Wille ist, d.h. dass sich die
Willensbildung Faktoren verdankt, die wir uns selbst als Autoren des Willens zu-
schreiben können. Einen solchen selbstbestimmten Willen kann es auch in einer*

determiniﬆischen Welt geben, und wir können durchaus annehmen, dass wir über einen in diesem Sinne freien Willen verfügen.

Allerdings sei abschließend angemerkt, dass die philosophische Debatte um das Verﬅändnis und die Exiﬅenz von Willensfreiheit selbﬅverﬅändlich weitaus komplexer iﬅ, als es diese knappen Hinweise suggerieren. So iﬅ etwa sehr wohl umﬅritten, ob das zuletzt skizzierte kompatibiliﬅische Verﬅändnis von Willensfreiheit im Sinne von Selbﬅbeﬅimmung tatsächlich in allen Details überzeugend iﬅ oder ob nicht doch auf inkompatibiliﬅische Annahmen zurückgegriffen werden muss. Wie sinnvoll erscheint es beispielsweise, kausal-deterministisch geprägte Vorbedingungen uns selbﬅ als Autoren unserer Willensbildung zuzuschreiben? Auch der Begriff der Selbﬅbeﬅimmung entpuppt sich somit als umﬅritten, und es ﬅellt sich auch hier die Frage, wie wir ihn sinnvollerweise verﬅehen sollten.

Angesichts all dessen iﬅ jedenfalls nicht zu erwarten, dass der alte philosophische Streit um das Verﬅändnis der Freiheit des Willens – der jeglichen empirischen und neurowissenschaftlichen Überprüfungen der Existenz „der" Willensfreiheit vorauszugehen hat –, in Kürze gelöﬅ sein wird.[75]

Weiterhin ﬅellt Alfred Gierer die Freiheit des Willens wie folgt dar:

Die Unvollﬅändigkeit objektivierender Analyse hat Bedeutung für das uralte Problem, in welchem Sinne der Mensch autonom handelt: wie verträgt sich physikalischer Determinismus – Behandlung von Gehirnprozessen nach physikalischen Gesetzen – mit der subjektiv erlebten Freiheit des Willens und der ethisch geforderten Verantwortung für das eigene Handeln? Wenn sich auch keine ganz eindeutige Lösung der Probleme anbietet – Es iﬅ denkbar, dass sie überhaupt nie gelöﬅ werden – so ergibt doch die finitiﬅische Betrachtungsweise einige zusätzliche Gesichtspunkte, wenn man sie mit den geläufigen Argumentationsmuﬅern zur Freiheit des Willens vergleicht.
Willensfreiheit, darüber beﬅeht weitgehend Übereinﬅimmung, setzt zumindeﬅ voraus, dass unsere Entscheidungen nicht nur durch Außenfaktoren, sondern auch durch Faktoren in uns selbﬅ beﬅimmt werden. Diese Bedingungen für sich alleine ﬅehen in keinerlei Widerspruch zu der Annahme, dass die Verhaltensﬅeuerung durch rein physikalische Prozesse im Gehirn erfolgt. Bisweilen wurde vermutet, die Freiheit des Willens beruhe speziell auf solchen physikalischen Vorgängen im Nervensyﬅem, die der Unbeﬅimmtheit der Quantenphysik unterliegen und deswegen nicht objektiv vorhersagbar sind. Der These liegt die zunächﬅ naheliegende Gedankenassoziation von „Willensfreiheit" mit „willkürlich" und von „willkürlich" mit „unvorhersagbar" zugrunde. Diese Vermutung hält aber eine kritische Prüfung nicht ﬅand. Zwar könnte es durch aus sein, dass manche Handlungen, zum Beispiel explorierendes Verhalten durch Versuch und Irrtum, von Zufallsgeneratoren im Nervensyﬅem vermittels quantenphysikalisch unbeﬅimmter Reaktionen ausgelöﬅ werden – Aber gerade solche zufälligen Handlungen sind kein typischer Ausdruck von Willensfreiheit. Diese beﬅeht ja nicht in der Freiheit, Handlungsmöglichkeiten

---

[75] www.philosophie.ch

statistisch auszuwürfeln, sondern darin, dass Verhalten systematisch auf selbst be-stimmte Ziele zu richten. Dies erfordert geradezu, dass die beteiligten Gehirnpro-zesse verlässlich, d.h. im physikalischen Sinne determiniert ablaufen, wie es für die meisten Prozesse der Informationsverarbeitung im Nervensystem auch tatsächlich zutrifft.

Nun ist es allerdings eine strittige Frage, ob der Wille tatsächlich schon allein des-wegen als frei anzusehen ist, weil die Verhaltenssteuerung durch das eigene Ge-hirn, also von innen erfolgt – wo doch Prozesse im Nervensystem nach allem, was wir darüber wissen, streng den physikalischen Gesetzen unterliegen. Eine Ge-genthese lautet: die Willensfreiheit ist eine Illusion, weil die Entscheidung ja „in Wirklichkeit" durch physikalische Zustände und naturgesetzliche Abläufe determi-niert ist.

Dieses Argument lässt sich aber in Zweifel ziehen, in dem man den Sinn des Wortes „determiniert" reflektiert und dabei prinzipielle Grenzen der Dekodierbarkeit der Leib-Seele Beziehung berücksichtigt. „Determiniertheit" bedeutet bestimmt, und bestimmt ist nur, was bestimmbar ist. In diesem Sinne ist der Wille eines Menschen nur insoweit determiniert, als er im Prinzip von einem Außenstehenden, der über umfangreiche Mittelanalyse verfügt, durch physikalische Messung und mathema-tische Analyse objektiv ableitbar wäre. Der Wille steht aber in einem engen Zusam-menhang mit Verhaltensdispositionen; die Absicht, auf eine bestimmte Situation in der Zukunft in bestimmter Weise zu reagieren, um ein bestimmtes Ziel zu erreichen, entspricht einer bestimmten Richtung des Willens. Wenn es Grenzen der Dekodier-barkeit für Verhaltensdispositionen gibt, so ist auch der Wille nicht vollständig durch eine finitistische Analyse physikalischer Gehirnzustände zu ermitteln. Der Wille greift zwar nicht jenseits der Gesetze der Physik in Gehirnvorgänge ein, aber er erscheint als zentraler Zustand, der einer objektivierenden Analyse von außen nicht uneingeschränkt zugänglich ist. Nicht erst der Außensteuerung, der Außen-analyse des Willens einer Person sind prinzipiell unüberwindliche Grenzen gesetzt, und damit werden indirekt die Möglichkeiten einer gezielten Außensteuerung noch weiter beschränkt, wird die Bedeutung der Steuerung des Verhaltens von innen – vom eigenen Gehirn – noch größer. Im umgangssprachlichen Sinne impliziert das mehr Freiheit – Freiheit trotz der Voraussetzung, dass alle Gehirnprozesse nach physikalischen Gesetzen ablaufen. Ob man diese Argumentation allerdings auch zu Gunsten der Willensfreiheit im philosophischen Sinne gelten lässt, hängt immer noch von der intuitiven Auffassung des Begriffs „frei" ab.[76]

Schon der lateinische Dichter und Philosoph Lukrez hat sich ca. 50 v.C. mit dem Thema „Freier Wille" in bemerkenswerter Weise auseinandergesetzt. Er unterscheidet hierbei zwi-schen der vom eigenen Willen getriebenen Handlung und der aufoktroyierten Handlung:

Woher aber, frage ich, hätten denn lebende Wesen überall auf der Erde den freien Willen? Woher die Kraft, sich dem Schicksal zu entreißen, dorthin die Schritte zu lenken, wohin die Lust einen jeden von uns führt? Woher die Kraft, unsere Bewe-gungen nicht allein zu festgelegter Zeit und an festgelegtem Ort zu ändern, son-dern wann und wo wir dies wollen, in Richtung unserer eigenen Vorstellungen? Den

---

[76] Alfred Gierer, S. 262ff.

ersten Anstoß zu solchen Handlungen kann, unbezweifelbar, nur unser ureigenster Wille geben.

(...) Der Anstoß kommt, zuallererst, vom Willen des Geistes, und von daher verteilt sich die Bewegung durch den Leib in alle Glieder und Gelenke.

(...) Ganz anders liegt der Fall, wenn uns, durch eines anderen Macht und Kraft verübt, ein Schlag oder Stoß vorwärts treibt. Dann nämlich bewegt sich, eindeutig, alle Materie des Leibes gegen unseren Willen und wird vorangetrieben, bis dieser selbst wieder die Glieder zügelt.[77]

---

[77] Lukrez, Über die Natur der Dinge S. 78 + 79.

II. Was ist richtig / Was ist falsch?

Dass es einen Unterschied zwischen "falsch" und "nicht richtig" gibt, ist nicht falsch, sondern richtig.[78]

Fremde Fehler beurteilen wir als Staatsanwälte, die eigenen als Verteidiger.[79]

Right or Wrong, my Country.[80]

Die beiden Antagonisten Richtig und Falsch begegnen uns in vielfältiger Art und Weise in unserem täglichen Leben. Oft benutzt man diese Attribute nicht korrekt oder man kategorisiert Dinge oder Vorgänge zu leicht als richtig oder falsch ein. Im Sinne dieses Buches ist es aber für das menschliche Verhalten bei Unfällen und Katastrophen wichtig, diesen Unterschied sehr genau zu analysieren und die Auswirkungen dieser Definitionen auf die hier später angeführten konkreten Beispiele zu untersuchen.

Zunächst muss man feststellen, dass diese beiden Antagonisten sehr viele Synonyma haben wie Wahrheit & Unwahrheit, Dichtung & Wahrheit, Realität & Fiktion usw., wobei auch festzustellen ist, dass die Synonyme auf der Seite „falsch" offensichtlich wesentlich zahlreicher sind wie Lug & Trug, Illusion, Einbildung etc.

Richtig (wahr) und falsch (unwahr) sind nicht nur auf eine konkrete Situation bezogen („Es ist richtig, dass die Ampel in diesem Moment die Farbe Rot anzeigte."), sie beziehen sich auch oft auf moralische oder ethische Situationen („Es war richtig von Bundeskanzlerin Merkel, die Grenzen für Flüchtlinge zu öffnen."). Insofern ist immer der Koordinatenraum von Bedeutung, in dem man sich bewegt, wenn man die Richtigkeit oder die Nicht-Richtigkeit einer Aussage oder einer Situation angibt.

In manchen Koordinatensystemen gelten andere Regeln als in anderen: Siehe den Spruch oben: „Right or Wrong, my Country". Hier spielt diese Bewertung nach falsch oder richtig keine Rolle, wenn es sich um „meinen Staat" handelt. Dann können auch ansonsten falsche Handlungen für einen besonderen Zweck richtig „werden".

Wir wollen im nachfolgenden einmal die verschiedenen Definitionen von „Richtig & Falsch" zusammenstellen.

---

[78] Ernst Ferstl – Österreichischer Aphoristiker.

[79] Quelle unbekannt.

[80] Berühmter Glaubenssatz patriotischer der US-Amerikaner, Quelle unbekannt

1. Mathematische Logik

<u>In der Logik ist die Definition von wahr und falsch eine rein axiomatische Definition</u> und in der ersten Sicht schließen sich die beiden Kategorien aus, d.h. eine Aussage ist entweder falsch oder richtig, eine dritte Möglichkeit gibt es nicht.[81] Dies ist jedoch eine mathematische Fixierung, wie beispielsweise die Aussage: „Die Fünf ist eine gerade Zahl", die natürlich falsch ist – und nicht richtig. Darüber kann man nicht streiten, weil es eine Definition ist, deren Gültigkeit nicht in Frage gestellt werden kann. Hier befinden wir uns sozusagen im dualen System, das nur die Werte „0" und "1" kennt – auch als Synonym für „richtig" und „falsch". Mit der Mengenlehre kann man es ausdrücken als:

Die Menge der Wahrheitswerte {W, F} hat zwei Elemente.

Man nennt es die klassische oder zweiwertige Logik. Es gibt aber auch in der Mathematik Logiksysteme, die mehr als die beiden Aussagen „richtig" oder „falsch" zulassen, sind sog. mehrwertige Logiksysteme, zu denen auch die aus der Elektronik bekannte „Fuzzy Logik" zählt, die sogar eine unendliche Zahl von möglichen Werten annehmen kann.

Diese mathematische Definition von wahr und falsch lässt keine „analogen" Aussagen zu, es ist eine rein duale Darstellung. Es gibt damit auch kein „mehr oder weniger". Diese Kategorien tauchen in der Praxis aber sehr häufig auf, wie z.B. bei der Aussage „Die Sicht war schlecht." oder „Die Sicht war schlechter als eine Stunde vorher.", etc.

Duale Aussagen machen das Leben einfacher, weil sie für sich eindeutig sind, analoge Aussagen hingegen lassen mehr Raum für Interpretationen und damit natürlich auch für Fehlinterpretationen.

Im Falle von technischen Unfällen sind die Fragen nach richtig oder falsch meist an der mathematischen Logik orientiert, da es sich um die Beurteilung von Tatsachen oder Situationen handelt, die entweder wahr oder falsch sind. Moralische Fragen, die in die analoge Richtung gehen, kommen hier in der Regel nicht vor.

2. Philosophie

In der Philosophie wird im allgemeinen nicht von einer richtigen oder einer falschen Handlung gesprochen, sondern eher von einer guten und einer schlechten Handlung im moralischen oder ethischen Sinne – also nicht im Sinne der mathematischen Definition. Hier seien die am weitesten verbreiteten Definitionen von Utilitarismus, Kantianismus und Aristoteles genannt, die folgendermaßen die guten und die schlechten Handlungen definieren:

---

[81] *Tertium non Datur* – auch genannt der „Satz vom ausgeschlossenen Dritten".

Der Utilitarismus argumentiert, dass eine Handlung gut ist, wenn sie viel Nutzen oder Glück bringt, und dass eine Handlung schlecht ist, wenn sie Schaden oder Leid verursacht.

Wenn wir verschiedene Handlungsmöglichkeiten haben, dann sollen wir die Handlung durchführen, die am meisten Glück und am wenigsten Leid verursacht. Zum Beispiel: Wenn wir 100 Franken am Boden finden, dann könnten wir das Geld für die Bekämpfung von Malaria spenden oder wir könnten uns eine neue Uhr kaufen. Weil das Spenden von 100 Franken mehr Glück und weniger Leid verursacht, als eine neue Uhr zu kaufen, sollten wir das Geld spenden.

Der Kantianismus argumentiert, dass eine Handlung gut ist, wenn man wollen kann, dass alle diese Handlung tun würden und dass eine Handlung schlecht ist, wenn man wollen kann, dass alle diese Handlung nicht tun würden.

Wenn wir verschiedene Handlungsmöglichkeiten haben, dann sollen wir die Handlung durchführen, von der wir wollen können, dass alle sie tun würden. Zum Beispiel: Wenn wir die Wahrheit sagen oder eine Lüge erzählen können, dann sollen wir die Wahrheit sagen, weil wir nicht in einer Welt leben wollen, in der alle nur lügen.

Die Aristotelische Ethik argumentiert, dass eine Handlung gut ist, wenn sie aus einer Tugend entspringt und dass eine Handlung schlecht ist, wenn sie aus einem Laster entspringt.

Eine Tugend ist eine gute Charaktereigenschaft. Beispiele für Tugenden sind Klugheit, Gerechtigkeit, Tapferkeit oder Mäßigung. Das Gegenteil einer Tugend ist ein Laster. Beispiele für Laster sind Aberglaube, Ungerechtigkeit, Feigheit oder Zügellosigkeit.[82]

Nehmen wir beispielsweise die Frage, ob es richtig oder falsch, gut oder schlecht war, eine Atombombe auf Nagasaki und auf Hiroshima zu werfen.

1. Nach der Definition des Utilitarismus ist diese Handlung gut, wenn Sie Nutzen bringt und schlecht, wenn sie Schaden verursacht. Eine Handlung ist dann eher gut, wenn sie mehr Nutzen bringt, als dass sie Schaden verursacht. Wer will das hier bewerten? Der Nutzen war – nach amerikanischer Diktion, sozusagen als Rechtfertigung – die schnelle Beendigung des Krieges durch die den Atombombenabwürfen unmittelbar nachfolgende Kapitulation der Japaner. Der Schaden ist auch bekannt, nämlich hunderttausend tote Menschen. Hier müsste man die durch die Kapitulation nicht getöteten Soldaten mit den durch die Atombomben getöteten Zivilisten „aufwiegen", was nicht

---

[82] www.philosophie.ch

52

möglich ist, also bietet der Utilitarismus in diesen moralischen Fragen keine wirkliche Lösung.[83]

2. Nach der Definition des <u>Kantianismus ist diese Handlung falsch</u>, da wir nicht wünschen können, dass alle diese Handlung durchführen.

3. Nach der Definition des <u>Aristoteles ist es unklar</u>, ob diese Handlung richtig oder falsch ist, weil offen ist, ob das Motiv eine Tugend ist (z.B. Gerechtigkeit) oder ein Laster ist (z.B. Feigheit).

Insofern gibt uns die Philosophie keine eindeutige Definition für „richtig oder falsch".

Typische Fragestellungen in moralischer oder in ethischer Hinsicht wären auch:

- Ist Folter gerechtfertigt, wenn ich dadurch Menschenleben retten kann?
- Darf ich das Leben eines Menschen opfern, um viele Menschen zu retten?

Theodor W. Adorno hat auch einen Beitrag zur moralischen Frage geleistet mit seinem berühmten Ausspruch aus seiner Schrift *Minima Moralia*:

Es gibt kein richtiges Leben im falschen.

Adorno bekräftigt mit seinem Satz die Differenz von richtig und falsch und er betont damit die Wichtigkeit, sich den Sinn für das Richtige nicht nehmen zu lassen. Will auch heißen, dass man in einem falschen Leben nicht richtig handeln kann.

3. Situative Sichtweise

Die dritte mögliche Definition von falsch oder richtig ist diejenige, die für unser Buch die wichtigste ist: Sehe ich als Handelnder, z.B. als BedienerIn einer komplexen technischen Anlage oder als PilotIn eines Flugzeugs eine Situation richtig oder falsch? Diese Definition kann man als „Situative Sichtweise" definieren: Was sorgt dafür, dass eine bestimmte Situation, dass ein Ereignis, dass eine Information von mir bzw. meinem Verstand als richtig oder falsch eingestuft wird? Das schließt natürlich ein, dass dieselbe Handlung in verschiedenen Sichtweisen bzw. Situationen richtig oder falsch sein kann.

Mit dieser Frage haben wir uns in dem vorherigen Kapitel intensiv auseinandergesetzt: Unser Gehirn entscheidet hier nach den Sinnesreizen und nach seinen „internen Informationen".

Wir werden in den später ausführlich dargestellten realen Unfall- und Katastrophenszenarien sehen, dass es sehr oft die falsche Beurteilung einer Situation durch einen Menschen war, die den Unfall bzw. die Katastrophe zur Folge hatte.

---

[83] Sehr empfehlenswert zum tieferen Studium ist hier eine Publikation der Bundeszentrale für politische Bildung aus dem Jahr 2005: „Gut oder falsch – Das Moralheft", bei www.fluter.de.

III. Theoretische und praktische Betrachtung zum Ursache / Wirkung Mechanismus, der Kausalität

> *Ich halte die Phänomenalität auch der inneren Welt fest: alles, was uns bewußt wird, ist durch und durch erst zurechtgelegt, vereinfacht, schematisiert, ausgelegt, - der wirkliche Vorgang der inneren «Wahrnehmung», die Kausalvereinigung zwischen Gedanken, Gefühlen, Begehrungen, zwischen Subjekt und Objekt ist uns absolut verborgen - und vielleicht eine reine Einbildung. Diese scheinbare innere Welt ist mit ganz denselben Formen und Prozeduren behandelt, wie die «äußere» Welt.*[84]

Das Prinzip von Ursache und Wirkung ist für uns die Grundlage allen Handelns. Dieses Gesetz des Universums enthält die Wahrheit, die besagt, dass nichts durch Zufall geschieht, dass der Zufall nur ein Ausdruck ist, der eine Ursache anzeigt. So ist das Prinzip von Ursache und Wirkung die Grundlage von allem wissenschaftlichen Denken. Dieses Prinzip von Ursache und Wirkung ist von allen großen Denkern der Welt als richtig angenommen worden. Anders zu denken würde bedeuten, die Phänomene des Universums aus dem Reich von Gesetz und Ordnung zu nehmen.

So ist das, was wir Zufall nennen, nur ein Ausdruck, der sich auf verborgene Ursachen bezieht, auf Ursachen, die wir nicht wahrnehmen können, auf Ursachen, die wir nicht verstehen können. Zufall bedeutet zu fallen – das Fallen der Würfel. Dabei ist unsere Vorstellung, dass das Fallen der Würfel frei von Ursache und Wirkung ist. Untersucht man das Fallen der Würfel genauer, erkennt man, dass die Punktzahl, die der Würfel zeigt, einem Gesetz gehorcht, dem Gesetz, dass genau so unfehlbar ist, wie das Gesetz, welches die Bewegung der Planeten um die Sonne beherrscht.

Was wir Zufall nennen ist nur ein Ausdruck, der sich auf verborgene Ursachen bezieht, auf Ursachen, die wir nicht wahrnehmen können, auf Ursachen, die wir nicht verstehen können.

Hinter dem Fallen der Würfel stehen Ursachen oder eine ganze Kette von Ursachen, die weiter zurückgehen. Das können sein: Die Lage der Würfel im Becher, die Muskelkraft, die für das Werfen aufgebracht wird, die Tischunterlage usw. Das sind Ursachen, deren Wirkung wir sehen können. Aber hinter diesen ersichtlichen Ursachen stehen noch Ketten von unsichtbaren und

---

[84] Friedrich Nietzsche, *Werke IV* - Aus dem Nachlass der Achtzigerjahre.

Dieses Zitat stellt die klassische Weltsicht dar und entspricht auch ziemlich genau dem, was in unserem von unserer Evolution vorgegebenen Raum, unserem Mesokosmos, für uns Menschen allgemein gilt: Zu jeder Wirkung gehört eine Ursache und umgekehrt folgt auf jede Ursache eine Wirkung. Man nennt diesen Zusammenhang auch das Kausalitätsprinzip, abgeleitet von lateinischen „Causa" – die Ursache oder der Grund.

Man spricht auch gern von einer Bedingung für das Eintreten eines Ereignisses, was gleichbedeutend ist mit Ursache / Wirkung.

In der Tat war es in der Newtonschen Mechanik zur Zeit der Aufklärung bis zum Ende des achtzehnten Jahrhunderts klar, dass dies das allbeherrschende Gesetz der Welt ist. Was das heißt, zeigt das nachfolgende Gedankenexperiment: Wenn man zu einem definierten Zeitpunkt die genaue Lage und den (vektoriellen, d.h. nicht nur den Betrag, sondern auch die Richtung beinhaltende) Impuls eines jeden Teilchens auf dieser Welt kennen würde, dann bräuchte man nur einen hinlänglich großen Rechner und dann wäre man in der Lage, die Zukunft der Welt bis in alle Ewigkeit vorauszusagen. Das kann man natürlich niemals praktisch beweisen, aber man kann es für wahr annehmen, wenn man den klassischen Gesetzen der Physik folgt. Die in der Neuzeit entdeckte Quantenmechanik hat indes gezeigt, dass diese Annahme der vollkommenen Determinierung falsch ist.

Ich gebe jetzt drei Beispiele, bei denen die Kausalität offensichtlich nicht gilt:

- Nehmen wir das Beispiel <u>des radioaktiven Zerfalls</u>: Es ist sehr genau zu messen, dass von einem Ensemble radioaktiver Atomkerne die Hälfte in einem bestimmten Zeitraum zerfällt (in der sog. Halbwertszeit). Würde man nun – wieder in einem Gedankenexperiment – die einzelnen Kerne „durchnummerieren", so wäre es unmöglich, vorauszusagen, welche einzelnen (nummerierten) Kerne konkret während der Halbwertszeit zerfallen werden. Es sind aber sicher 50% der Kerne des Anfangsensembles, und das ist ein fundamentales Prinzip. Das hat zur Folge,

---

[85] www.hermetic-international.com.

dass es hier offensichtlich kein Ursache-Wirkung Prinzip gibt – zumindest nicht bezogen auf das einzelne Atom.

- Das nächste Beispiel ist <u>die Heisenbergsche Unschärferelation</u>, ein wesentlicher Bestandteil der Quantentheorie: Danach ist es unmöglich, gleichzeitig Ort und Impuls eines – mikroskopischen - Teilchens gleichzeitig beliebig genau zu messen.[86] Kurz gesagt kann ich nur eine der beiden Eigenschaften genau bestimmen, die jeweils andere wird immer ungenauer. Damit gilt also nicht mehr die beliebig lange zeitliche Voraussage des Verhaltens aller Teilchen der klassischen Physik, weil man sie niemals „fixieren" kann, was eine Voraussetzung wäre für die „mechanistische" Berechnung der zukünftigen Bewegung.

- Das letzte Beispiel ist das sog. Dreikörperproblem: Das Dreikörperproblem lässt sich leicht formulieren: Wie bewegen sich drei Himmelskörper unter ihrer gegenseitigen gravitativen Anziehungskraft? Bei nur zwei Körpern ist es einfach. Kenne ich Position und Geschwindigkeit der beiden Objekte zu einem bestimmten Zeitpunkt, dann kann ich Newtons Formel benutzen, um ihre Position und Geschwindigkeit für jeden beliebigen Zeitpunkt in der Zukunft zu berechnen (und diese Lösung ist identisch mit dem, was qualitativ durch Keplers Gesetze beschrieben wird). Aber sobald ein dritter Körper dazu kommt, ist das Problem viel schwerer, wahrscheinlich sogar gar nicht lösbar. In der Tat gibt es bis heute keine Lösung. Der Grund dafür ist derjenige, dass minimalste Änderungen der Startkonstellation (Lage und Impuls der drei Körper) zu sehr unterschiedlichen weiteren Verläufen führen.[87]

Es bleibt aber festzuhalten, dass in unserem Mesokosmos – und der ist wesentlich für unsere Betrachtungen zu den Unfallanalysen – <u>das Kausalitätsprinzip voll und ganz anwendbar ist</u>.

---

[86] In diesem Zusammenhang ist festzustellen, dass es keine 100% genaue Messung gibt. Man kann sich einem genauen Wert immer präziser mit dem entsprechenden messtechnischen Aufwand annähern, ihn aber nie punktgenau erreichen. Deshalb ist es bei wissenschaftlichen Messungen immer notwendig, neben dem angegebenen Messwert auch die Fehlertoleranz mit anzugeben. So muss es beispielsweise statt „Es wurde eine Temperatur von 37 Grad Celsius gemessen" korrekt heißen: 37 +/- 0,1 Grad Celsius. Der Wert liegt dann sicher zwischen 36,9 und 37,1 Grad Celsius. Das hat aber wohlgemerkt nichts mit dem Heisenbergschen Unschärfeprinzip zu tun. Dies besagt, dass ich mich eben nicht genau einen präzisen Messwert bestimmen kann.

[87] Hier sei auch auf ein Science-Fiction Buch von Cixin Liu verwiesen, das diese Problematik sehr anschaulich darstellt: *Die drei Sonnen*.

Gleichwohl ist aber zu untersuchen, welche Beziehungen zwischen Ursache und Wirkung in einer bestimmten Situation möglich sind:

- Sind sie fest „aneinander gekettet"?
- Sind es feste Paare oder wechseln die Partner?
- Gibt es zu einer Wirkung mehrere mögliche Ursachen?
- Gibt es zu einer Ursache mehrere Wirkungen?

Das führt uns auch zu der Frage, was eine notwendige und was eine hinreichende Bedingung (Ursache) für das Eintreten eines Ereignisses (einer Wirkung) ist.

Hier als ein Beispiel eine ausführliche, aber etwas verwirrende Erklärung, Wikipedia entnommen:

Eine hinreichende Bedingung sorgt zwangsläufig (oder zumindest ceteris paribus) für das Eintreten des bedingten Ereignisses. Wenn die Bedingung nicht zugleich notwendig ist, dann gibt es andere hinreichende Bedingungen, die ebenfalls zum Eintreten des Ereignisses führen. Die hinreichende, nicht notwendige Bedingung ist also ersetzbar bzw. umgehbar (multiple Erfüllbarkeit). Mit anderen Worten: Wenn eine hinreichende Bedingung vorliegt, dann tritt das bedingte Ereignis zwangsläufig ein. Ist das Ereignis bereits eingetreten, kann aber nur auf seine notwendigen Bedingungen zurückgeschlossen werden, denn wenn eine in Betracht gezogene hinreichende Bedingung nicht notwendig ist, so muss es immer andere mögliche Bedingungen geben, die ebenso hinreichend sind. Welche der hinreichenden Bedingungen vorliegt, kann ausgehend vom bedingten Ereignis nicht entschieden werden.

Haben Sie das Verstanden? – Glückwunsch.[88] Es geht aber auch einfacher:

---

[88] „We are still confused, but now on a higher level."

- **Notwendig** ist eine Bedingung, die zwingend erforderlich ist für das Erreichen eines Ziels (aber vielleicht nicht die einzige:[89] Sie muss nicht immer allein zum Ziel führen. Wenn sie doch allein zum Ziel führt, dann ist sie gleichzeitig auch hinreichend).[90]

- **Hinreichend** ist eine Bedingung, wenn sie zum Ziel führt[91] (Es kann aber auch andere Wege geben, die auch zum Ziel führen).

- **Notwendig und hinreichend** ist eine Bedingung, wenn sie als Einzige zum Ziel führt – es gibt keine andere, die auch zum Ziel führen könnte. Dies ergibt sich logisch aus der Überlegung, dass, wenn es neben der ersten notwendigen und hinreichenden Bedingung noch eine zweite parallele Bedingung gäbe, dann wäre die erste nicht „notwendig". Eine notwendige und zugleich hinreichende Bedingung wird auch „**äquivalente Bedingung**" genannt

Ein weiteres einleuchtendes Beispiel ist in Bild 3 dargestellt, bei dem demonstriert wird, wann Schalter für das Leuchten der Lampe notwendiger- oder hinreichender Weise geschlossen sein müssen.

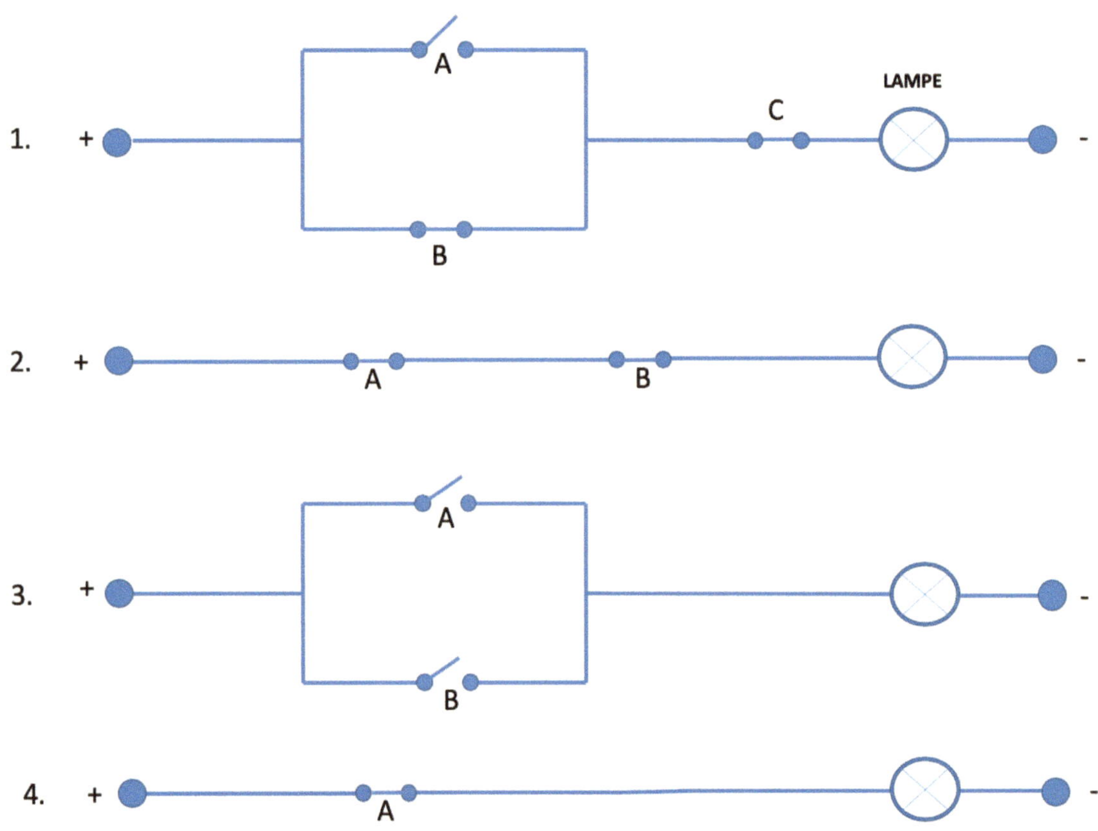

Abbildung 3: Notwendig und hinreichend (eigene Graphik)

---

[89] Es führen viele Wege nach Rom.

[90] Dann ist es sozusagen „der einzige Weg nach Rom".

[91] Ein Weg nach Rom (aber nicht unbedingt der einzige, wie wir wissen).

Damit die Lampe brennt, ist es

1. notwendig (aber nicht hinreichend), dass Schalter C geschlossen ist.

2. jeweils notwendig, dass Schalter A und Schalter B geschlossen sind (eine Kette, die nur funktioniert, wenn jedes einzelne Glied funktioniert...)

3. hinreichend (aber nicht notwendig), dass einer der beiden Schalter A oder B geschlossen ist.

4. notwendig und hinreichend, dass Schalter A geschlossen ist.

Ein weiteres Beispiel wäre ein Schiff, das mit vier Leinen an Land festgemacht ist. Zum Ablegen ist es notwendig, die erste Leine zu lösen, aber nicht hinreichend, das gleiche gilt für die übrigen drei Leinen. Hinreichend ist das Lösen aller vier Leinen. Hier haben wir wieder die Kette mit vier Gliedern, von denen jedes Glied notwendig ist und alle Glieder zusammen hinreichend. Wäre das Schiff nur mit einer Leine festgemacht (z.B. vor Anker), so wäre das Lösen dieser einzigen Leine notwendig und hinreichend zum Ablegen.

Es heißt ja auch hin und wieder im Falle einer Analyse von Unfällen, dass eine „unglückliche Verkettung von Umständen" (gemeint ist von Bedingungen) die Ursache für den Unfall, für die Wirkung, war. Das bedeutet, dass nicht eine einzige Ursache, sondern eine Kette von Ereignissen zu einem Unfall oder einem Störfall geführt hat. Dabei ist zu beachten – und das werden wir später bei den konkreten Beispielen auch feststellen können, dass nicht die Kette als Ganzes die Ursache war, sondern tatsächlich war es ein Glied der Kette, das fehlerhaft war und alle anderen Glieder funktionierten formal richtig, aber durch ein fehlerhaftes Glied lief die ganze Kette in die „falsche Richtung".
Ich kann beispielsweise einen Störfall (eine Wirkung) dann sicher verhindern, wenn ich dafür sorge, dass eine notwendige Bedingung (eine Ursache) für das Eintreten des Störfalls nicht eintreten kann. Als Beispiel mag hier die Atomkraft dienen:

- So ist die permanente Kühlung des Reaktorkerns in einem Kernreaktor notwendig – aber nicht hinreichend, es braucht dazu noch andere Ursachen - um eine Kernschmelze zu verhindern, so dass man mit der permanenten Kühlung eine Kernschmelze – fast - immer verhindern kann, aber leider nicht in allen Fällen, s. den nächsten Punkt.

- Weiterhin ist für das Eintreten einer Kernschmelze notwendig - und in diesem Fall aber leider auch hinreichend - eine außer Kontrolle geratene Kernspaltung in dem Sinne, dass die exponentielle Zunahme der Kernspaltung nicht verhindert werden kann und auch eine – im normalen Betriebsfall sogar bewusst überdimensionierte - optimal funktionierende Kühlung eine Katastrophe nicht mehr verhindern kann (s. Tschernobyl).

Für einen Austritt radioaktiver Strahlung hingegen ist ein Ausfall der Kühlung nicht notwendig. Da ist es hinreichend, wenn ein mechanischer Defekt der Reaktorhülle oder ein Einschlag z.B. eines Flugzeuges oder eine Explosion die Hülle beschädigt.

Um es vorab prägnant zu formulieren:

- Um ein schädliches Ereignis wirksam zu verhindern, muss ich dafür sorgen, dass die dafür notwendigen Ursachen nicht zum Tragen kommen. Das wirkt bildlich wie das Unterbrechen einer Kette, bei der die Zerstörung eines Kettenglieds notwendigerweise die Kette zerstört. Wenn ich ein notwendiges Ereignis oder eine notwendige Ursache beseitige, kann ich sicher sein, dass die Wirkung nicht eintritt – das ist sozusagen immer die sichere Methode – leider aber praktisch nicht immer durchführbar.

- Es ist dagegen nicht genug, eine hinreichende Ursache zu beseitigen, dann kann immer noch eine weitere hinreichende Ursache das schädliche Ereignis als Wirkung herbeiführen. Insofern sind die Verhinderungen hinreichender Bedingungen geeignet, dem Nutzer eine trügerische Sicherheit vorzugaukeln, weil es immer auch eine weitere Bedingung geben kann, die auch noch eintreten kann.

- Nachgerade ideal zur Verhinderung einer Wirkung ist eine Ursache die notwendig und hinreichend für das Eintreten eines Ereignisses ist. Wenn diese Ursache beseitigt wird, kann es keine Wirkung geben – aber leider ist dieser Idealzustand in der Praxis sehr selten der Fall.

Weiterhin ist festzustellen, dass die Suche nach einer Ursache ein fester Bestandteil unseres Naturells oder unseres Wesens ist („Einer muss immer schuld sein"). Die Gründe dafür sind höchstwahrscheinlich die Folgenden:

- Schädliche Wirkungen bedrohen möglicherweise unser Leben oder unsere Gesundheit oder das von anderen Personen. Deshalb ist es wichtig, im Fall eines solchen Schadensfalls die Ursache zu ermitteln, um sich in Zukunft durch geeignetes Verhalten dagegen zu wappnen (Das berühmte Anfassen der heißen Platte wird das Kind nach dem ersten Mal nicht widerholen).

- Wird keine Ursache identifiziert, entwickelt sich ein Angstgefühl vor einer nicht bekannten Ursache, die nicht oder nur schwer beseitigt werden kann.

Hier sei auch noch auf ein wichtiges zusätzliches Merkmal einer Ursache hingewiesen: Der Ausdruck „Root Cause" aus dem Englischen bezeichnet die „Ur-Ursache" einer Wirkung. Die danach folgenden „Causes" werden hier außer Acht gelassen, weil sie ohne das Eintreten der „Root Cause" nicht eintreten können und damit unwichtig sind. Nach dieser Root Cause entwickeln sich mehrere aufeinanderfolgende Ereignisse, die alle für sich wieder fehlerfrei verlaufen (oder auch nicht, aber das ist unwesentlich). Es ist wie bei einer Kette, die im wahrsten Sinne zu hinterfragen ist. Das muss man auch tatsächlich tun, wenn man zu der Root Cause gelangen will, zu dem Punkt, „ab dem die Sache schiefgelaufen ist". Hier ein einfaches und einleuchtendes Beispiel einer kleinen (nach Hans Dieter Hüsch auch „die rheinische" benannte) Konversation, die das Finden der Root Cause durch Fragen der Person B an Person A aufzeigt:[92]

    A: „Mein Fahrrad ist kaputt."

---

[92] Dem leider verstorbenen und von mir sehr verehrten Kabarettisten Hans Dieter Hüsch entlehnt.

B: „Wie kaputt?"

A: "Die Kette ist gerissen."

B: "Wie gerissen?"

A: „Wahrscheinlich habe bei der letzten Reparatur das Schließelement nicht richtig wiedereingesetzt."

Die Wirkung „Fahrrad kaputt" ist wirklich sehr allgemein und der Weg zur Ursache führt solange über Fragen, bis auf das „wie" keine neue Antwort mehr kommt, auf die man wieder mit „wie" weiterfragen könnte. Nach der letzten Aussage von A macht die Frage „wie" tatsächlich keinen Sinn mehr. Dann hat man die Root Cause gefunden: Das falsche Schließen des Kettenglieds. Und die Fehlerbehebung ergibt sich dann automatisch daraus, nämlich das richtige Schließen der Kette und beim nächsten Schließen der Kette darauf zu achten, es richtig zu machen (und vielleicht auch prüft). Das wäre jetzt die – später noch im Detail zu erläuternde - „Corrective Action".

Wie man leicht nachvollziehen kann, besteht nach dem ersten Satz von A noch keinerlei Möglichkeit einer „Corrective" Action, da die Situation viel zu unspezifisch ist. Man muss sich also immer zur Root Cause durchfragen bzw. durcharbeiten – soweit überhaupt möglich.

Bei Ursachen spricht man auch oft allegorisch von einer Ursachenkette, was in der Praxis auch in der Regel der Fall ist. Man muss in diesem Fall die Kette von hinten – dem Ereignis – nach vorne – der Ur-Ursache, der „Root Cause" – absuchen. Wobei es hinreichend wäre, ein beliebiges Kettenglied als zukünftige Ursache auszuschließen, wenn man es „öffnet". Das ist aber tatsächlich – wie wir später noch an den Beispielen sehen werden, fast immer der Fall: Nach der „Root Cause" wird alles richtig gemacht und trotzdem ist das Ergebnis „falsch". Deshalb spricht man hier von der „unglücklichen Verkettung von Ereignissen", die zu einem Unfall oder zu einer Katastrophe führen. Es ist in der Tat meist keine Mehrzahl von Ereignissen, die in einer Kette versagen, es handelt sich lediglich um ein Ereignis – alle anderen laufen „normal".

Es wird auch oft mit dem Argument des Zufalls oder mit einem zufälligen Ereignis argumentiert. Implizit heißt das auch, dass es keine Ursache gibt. Natürlich gibt es Zufälle, wie der berühmte Ziegelstein, der einem auf den Kopf fällt, weil man zufällig dort steht. Das befreit einen aber nicht von der Verpflichtung, dafür Sorge zu tragen, dass einem zufällig dort stehenden Individuum kein Ziegelstein auf den Kopf fällt - z.B. durch ein Fangnetz bei einem abbruchhaften Haus -oder durch einen Schutzzaun (die sog. Verkehrssicherungspflicht eines Eigentümers einer Sache, hier eines Hauses). Das wird man aber nur dann machen, wenn ein hinreichend großes Risiko für ein solches Ereignis besteht.

Auch muss man bei Zufällen aufpassen, dass man sie nicht nutzt, um sich zu exkulpieren, um keine Schutzmaßnahmen zu ergreifen: Die Wahrscheinlichkeit oder das Risiko, bei einem Flugzeugabsturz zu sterben, liegt in der Größenordnung von 1: 2 Millionen (beim Auto im Übrigen bei 1:15.000, als über 100-mal höher). Sicher muss man Risiken eingehen, wir werden später auf dieses Thema noch ausführlich zurückkommen, aber das Risiko muss sich in einem bestimmten Rahmen bewegen: Würde das Risiko, bei einem Flugzeugabsturz ums Leben zu kommen, bei 1:1000 liegen, würde sicher niemand mehr ein Flugzeug betreten bzw. es würde keine Flugzeuge geben. Aber bei dem heutigen geringen Risiko kennt man Abstürze – fast - nur aus der Zeitung und steigt sorglos ein. Beim Auto hingegen kennt man schon eher den einen oder anderen Fall eines tödlichen Unfalls aus dem persönlichen Umkreis, da ist das

Risiko ja auch deutlich höher, aber auch hier steigt man in der Regel ebenso sorglos ein, obwohl das Risiko, wie oben dargestellt, über 100 mal höher ist als beim Flugzeug).

Weiterhin gibt es die Erfahrung, dass man bei unerwarteten Szenarien oder Ereignissen zunächst einmal die Realität in Frage stellt, was nicht unbedingt immer falsch sein muss. So ist
es oft so, dass die ermittelten Messwerte nicht geglaubt werden, weil sie nicht zu der Erfahrung passen, die in einer bestimmten Situation vorliegen. Deshalb ist die Verlässlichkeit von
Messungen und die Sicherstellung der einwandfreien (und immer wieder erprobter) Funktion
dieser Geräte sehr wichtig, denn im Ernstfall muss man sich blind auf sie verlassen können.
Natürlich ist es wichtig, zunächst einmal einen völlig unerwarteten Messwert oder eine optische Information noch einmal zu verifizieren, indem man noch eine zweite, möglichst unabhängige Messung durchführt, oder – bei der optischen Information – nochmal genau hin-
schaut (ob z.B. nicht tatsächlich ein Gorilla durch den Raum gelaufen ist). Im Ernstfall fehlt
allerdings die Zeit, um eine solche Verifizierung durchzuführen und man muss sich voll und
ganz – eben blind – darauf verlassen können, um schnell genug zu reagieren.[93]

Der eigentlich neutrale Begriff des Risikos wird in unserer Alltagssprache fast nur im negativen
Sinn gebraucht („ein riskantes Überholmanöver"), er ist aber bei allen Betrachtungen zum
Thema Anlagensicherheit usw. ein ganz wichtiges Element, wie wir noch sehen werden. Im
Grunde gehen wir bei all unserem Tun immer Risiken ein, man muss sich nur dessen zum einen
immer bewusst sein und zum anderen muss man sicher sein, alle Risiken auch „im Blick" zu
haben.

Eine trügerische Eigenschaft der Wahrscheinlichkeit oder des Risikos einer Handlung liegt darin, dass die tatsächliche Wirkung ein Individuum immer zu 100% trifft. Die Risikowahrschein-
lichkeit ist lediglich eine Rechengröße aus Daten der Vergangenheit. Auch im Zeitbereich ist

---

[93] Hier noch zwei einleuchtende Beispiele dazu:

1. Die Schiffe mussten im Mittelalter und in der beginnenden Neuzeit und vor Erfindung der Funktechnik ihre
   Position dadurch bestimmen, dass sie einen Winkel der Sonne gegenüber dem Horizont zu einer bestimmten
   Zeit gemessen haben. In den ausführlichen Tabellen gab es dann zu diesen beiden Messwerten, Winkel und
   Uhrzeit, einen eindeutigen Ort auf dem Globus. Dafür war aber eine genaue Messung der Zeit fundamental
   wichtig. Um dies weitestgehend sicherzustellen, hatten die Schiffe deshalb drei gleichgehende Uhren an
   Bord, die beim Auslaufen „gleichgestellt" wurden nach der lokalen Zeit. Warum drei? Denn zwei wären ja
   auch hinlänglich gewesen, wenn eine ausfällt? Ganz einfach: Was schließe ich daraus, dass zwei Uhren eine
   unterschiedliche Zeit anzeigen? Ich kann leider nicht sagen, welche Uhr richtig geht, weil ich auf einem ein-
   samen Schiff auf hoher See keinerlei Referenz habe für die korrekte Uhrzeit. Wenn ich aber sehe, dass eine
   von drei Uhren von der Zeit der beiden anderen Uhren abweicht, dann weiß ich, welche Uhrzeit die richtige
   ist: Die der zwei gleichgehenden Uhren (zumindest mit der berühmten „an Sicherheit grenzenden Wahrscheinlichkeit", weil ja nicht grundsätzlich ausgeschlossen werden kann, dass – zufällig – die beiden Uhren
   gleichzeitig falsch gehen und sogar „synchron" falsch gehen).

2. Ein weiteres Beispiel ist die Erstaufzeichnung von Radioaktivität in einem schwedischen Atomkraftwerk, die
   nach der Katastrophe von Tschernobyl entstanden ist und durch die Atmosphäre nach Skandinavien gelangt
   ist, ohne dass es eine Vorwarnung durch russische offizielle Stellen gegeben hat. Hier hatte man zwar die
   erhöhte Radioaktivität gemessen, es aber zunächst auf ein mögliches Ereignis im eigenen Kraftwerk bezogen
   und dort alles nachgeprüft und die Messungen dann in Zweifel gestellt – weil im eigenen Kraftwerk alles
   störungsfrei funktionierte. Erst als man feststellte, dass die Messgeräte nur ausschlugen, wenn die Mitarbeiter der neuen Schicht - von außen kommend - erhöhte Messwerte zeigten, kam man zu dem Schluss, dass
   es sich um ein externes Ereignis handeln musste.

das vollkommen unkalkulierbar: Wann der nächste Flugzeugabsturz geschehen wird, ist vollkommen unklar, es können auch zwei Abstürze am gleichen Tag passieren. Es nützt also nichts, eine Flugreise dann anzutreten, wenn gerade ein Flugzeug abgestürzt ist, weil vermeintlich das Risiko für einen weiteren Absturz dann geringer ist (!).

Insofern ist der etwas seltsame oder auch euphemistische Ausdruck „Restrisiko" auch deshalb in die Welt gekommen, um ein Risiko klein zu „machen", weil der Wortteil „Rest" natürlich suggerieren soll, dass es sich um ein (auch in diesem Zusammenhang gern benutztes Attribut, das den gleichen Zweck erfüllen soll) vernachlässigbares Risiko handelt, was konkret dann in der Folge bedeutet, dass es außer Acht gelassen wird. Wenn wir ein Flugzeug betreten, nehmen wir das Restrisiko eines Absturzes in Kauf, weil es für uns (nicht für alle wohlgemerkt, siehe Menschen mit Flugangst) vernachlässigbar ist.

Zum Thema Risiko die nachfolgenden Anmerkungen aus einem Buch von G. Gigerenzer:

> *Die Zähmung des Zufalls brachte die mathematische Wahrscheinlichkeit hervor. Ich werde den Ausdruck bekanntes Risiko oder einfach Risiko für Wahrscheinlichkeiten verwenden, die sich empirisch messen lassen, im Gegensatz zu den Ungewissheiten, bei denen das nicht möglich ist. Beispielsweise lässt sich Regenwahrscheinlichkeit ebenso wie durchschnittlicher Ballbesitz und Thromboserisiko anhand der beobachteten Häufigkeiten berechnen. Ursprünglich bedeutet Risiko nicht nur Gefahr oder Schaden, sondern auch gleichermaßen Glück wie Unglück in den Händen Fortunas: Ein Risiko kann eine Bedrohung oder eine Hoffnung sein.[94]*

Es gibt – vor allem unter Spielern – immer wieder den Glauben, dass die Eintrittswahrscheinlichkeit eines statistischen Ereignisses – z.B. des Würfelns einer sechs – veränderlich ist. So denkt man spontan, dass die sechs umso wahrscheinlicher erscheint, je länger sie nicht gewürfelt wurde, die Wahrscheinlichkeit ist aber immer vollkommen unabhängig von der ganzen Vorgeschichte genau eins zu sechs (16,66%) – wenn der Würfel nicht gezinkt oder aus irgendwelchen – z.B konstruktiven - Gründen asymmetrisch ist.

Ein weiteres mögliches und leider nicht selten anzutreffendes Merkmal von Risiken ist, dass sie schlichtweg nicht bekannt sind und deshalb bei Risikoabschätzungen nicht berücksichtigt werden können. In der Praxis spricht man hier von der „Truthahn-Illusion":

> *Versetzen Sie sich in die Gemütsverfassung eines Truthahns. Am ersten Tag Ihres Lebens kam ein Mann. Sie befürchteten, er wollte Sie töten, aber er war freundlich und gab Ihnen Futter. Am Folgetag traf man sich dann erneut. Würde er mich wieder füttern? Nach der Wahrscheinlichkeitstheorie können Sie berechnen, wie groß die Aussicht dafür ist. Die Laplace Regel, so genannt, weil der bedeutende Mathematiker Pierre Simon de Laplace sie abgeleitet hat liefert die Antwort:*

---

[94] Gigerenzer, S. 39.

Wahrscheinlichkeit, dass etwas abermals geschieht,
wenn es schon n Male vorher geschehen ist =

$$(n+1) / (n+2)$$

*Wenn **n** die Zahl der Tage ist, die der Bauer sie gefüttert hat. D.h., nach dem ersten Tag beträgt die Wahrscheinlichkeit, dass der Bauer sie am nächsten Tag füttern wird, 2/3, nach dem zweiten Tag steigt sie auf 3/4 und so fort, so dass die Gewissheit mit jedemTag zunimmt. Gleichzeitig wird die Alternative, dass er Sie töten könnte, immer unwahrscheinlicher. Am Tag 100 ist es fast gewiss, dass der Bauer kommt, um Sie zu füttern – das könnten Sie jedenfalls meinen. Was Sie nicht wissen: dieser Tag ist der Tag vor Thanksgiving. Ausgerechnet an dem Tag an dem die Wahrscheinlichkeit, gefüttert zu werden, größer als jemals zuvor ist, kommen Sie unters Beil!*

Thanksgiving war dem Truthahn unbekannt.[95] Wenn der Truthahn alle möglichen Risiken gekannt hätte, wäre die Laplace Regel durchaus rational gewesen. Doch der Truthahn musste auf bittere Art herausfinden, dass ihm eine wichtige Information fehlte.

Fälschlicherweise anzunehmen, dass alle Risiken bekannt sind, ist eine Gewissheitsillusion. Nennen wir sie die TRUTHAHN-Illusion obwohl sie vermutlich häufiger bei Menschen als bei Truthähnen anzutreffen ist.[96]

Nach diesem Exkurs in die Themen der Ursache/Wirkung, Zufall und Risiken, kommen wir nun zum Hauptteil dieser Ausarbeitung, den technischen Unfällen und Katastrophen und zu deren Ursachen, insbesondere zum Versagen der Menschen, die diese Anlagen und Maschinen bedient, konzipiert, geplant oder auch gebaut haben, seien es Flugzeuge, Schiffe oder Kernreaktoren.

---

[95] Dem Truthahn fehlte diese Information zum einen, weil er Thanksgiving noch nie erlebt hat, zum anderen, weil ihm die anderen Truthähne nichts von diesem Ereignis berichten konnten, weil diese es auch nicht überlebt haben.

[96] Gigerentzer, S. 55.

IV. Ursachen von menschlichem Versagen bei Ereignissen in Luftfahrt, Seefahrt und Kernreaktortechnik

> *Ein Mensch (...) ist ein dunkles Schattengebilde (...) in das wir nie eindringen können, für das es keine direkte Erkenntnisart gibt.*[97]
>
> *Es irrt der Mensch, solang er strebt.*[98]

In diesem zentralen Abschnitt des Buches geht es darum, an konkreten Beispielen aus drei verschiedenen technischen Bereichen die möglichen Ursachen menschlicher Fehlentscheidungen zu beleuchten, und zu verstehen, wie es zu diesen Unfällen oder Störfällen gekommen ist. Es sind Bereiche, die uns allen geläufig sind und die uns alle betreffen können, weil wir regelmäßig mit diesen Techniken zu tun haben:

- Flugzeugunfälle
- Schiffsunfälle
- Reaktorstörfälle bei Kernkraftanlagen

Wir werden jeweils an mehreren typischen Fällen die Ursachen und die Wirkungen analysieren. Es handelt sich jeweils um tatsächliche Ereignisse, die genau dokumentiert sind. Dabei ist es natürlich im Nachhinein – meist, aber leider nicht immer - einfach zu sagen, wie man es hätte verhindern können, und es hilft dann immerhin möglicherweise, den nächsten ähnlichen Fall verhindern zu können. All diesen Bereichen ist gemeinsam, dass es bei Störfällen bis hin zu Katastrophen immer zu sehr detaillierten Untersuchungen von öffentlichen Institutionen kommt (im Unterschied z.B. zu Verkehrsunfällen), die in der Regel auch öffentlich zugänglich sind. Diese Untersuchungen dienen weiterhin als Basis dazu, die Schadenersatzpflichtigen zu ermitteln und – soweit notwendig - auch dazu, Strafverfahren gegen Beteiligte vorzubereiten, z.B. wegen fahrlässiger Körperverletzung oder fahrlässiger Tötung. Die Untersuchungen stellen in der Regel nur Fakten zusammen und leiten daraus keine Beurteilung über Fehlverhalten ab. So wird z.B. – was wir später noch ausführlich analysieren werden - bei einem stehenden Flugzeug, mit dem ein vorbeifahrendes Flugzeug kollidiert, lediglich festgestellt, dass es in einer bestimmten Entfernung zur Haltelinie stehengeblieben ist, es sagt aber nichts darüber aus, ob das vorschriftsmäßig war, und es sagt nichts darüber aus, ob das den Unfall (mit)ursächlich verursacht hat. Die Quellen, die in nachfolgenden Beispielen zitiert werden, leiten aber daraus durchaus die Ursache(n) ab, die zu dem Störfall / Unfall geführt haben. Wie wir weiter oben gesehen haben, sind Fakten und die Beurteilung von Fakten manchmal sehr unterschiedlich, je nach Standpunkt und Erfahrung der Betrachtenden oder Beurteilenden und man muss sich

---

[97] Marcel Proust: Auf der Suche nach der verlorenen Zeit.

[98] Johann W. von Goethe.

immer fragen, ob man sich noch auf dem Boden der Tatsachen bewegt oder schon im Reich der Spekulationen. Wirklich „wahr" im Sinn des Wortes sind indessen nur wenige Parameter wie z.B. Zeitmessungen, Entfernungen, Temperaturen usw. – soweit sie jeweils objektiv gemessen wurden. Aber schon die Aussage, eine objektiv gemessene und damit „wahre" Entfernung sei zu kurz oder zu lang gewesen, oder eine Zeit sei zu kurz gewesen, kann zu Spekulation führen. Aber dazu in den einzelnen Beispielen später mehr.

Wir werden feststellen, dass die Ursachenforschung fast immer zu mehreren Ursachen führt, die zusammen hinreichend waren, um die Störfälle zu verursachen, genauso wie es notwendige Ereignisse für das Eintreten des Unfalls oder Störfalls gab. Es ist nicht so, dass es jeweils einen klaren einzigen Grund gibt. Es sind auch vielfach nicht nur Fehler der unmittelbar agierenden Personen, es sind fast immer auch Fehler von Herstellern der Anlagen, Fehlern in den angewandten Prozeduren („Procedures") oder auch von Aufsichtsgremien und Behörden.

1. Luftfahrt

*Ich ermahne dich, **Ikarus**, dich auf mittlerer Bahn zu halten,*
damit nicht, wenn du zu tief gehst, die Wellen die Federn beschweren,
und wenn du zu hoch fliegst, das Feuer sie versengt.
Zwischen beiden fliege.[99]

Obwohl Flugzeuge zu den sichersten Transportmitteln zählen,[100] wird wegen der in der Regel hohen Opferzahlen im Falle eines Unfalles darüber immer aktuell und intensiv berichtet. Diese Unfälle und Katastrophen beinhalten – wie fast alle solche Vorgänge in komplexen

---

[99] Ovid, Metamorphosen.

[100] Die Wahrscheinlichkeit, bei einem Autounfall zu sterben ist ca. 200-mal so hoch, wie bei einem Flugzeugabsturz ums Leben zu kommen.

technischen Systemen – immer eine Reihe von Ursachen, neben den unmittelbaren Fehlern der Besatzungen auch Fehler der Flugzeughersteller, der Fluggesellschaften, der Flughäfen, der Flugcontroller und – last but not least – auch der regulierenden Behörden, wie wir an den nachfolgenden Beispielen in verschiedenen „Kombinationen" werden sehen können.

1.1 Zwei DC-10 Abstürze durch Systemfehler

Es ist schwerer, eine vorgefasste Meinung zu zertrümmern als ein Atom.[101]

1.1.1 Absturz American Airlines, Chicago 1979

Hier geht es um einen systematischen Baufehler sowie einen Wartungsfehler bei einem Flugzeug (einer DC-10, einem inzwischen etwas aus der Mode gekommenen McDonald-Douglas-Großraum-Flugzeug mit drei Triebwerken) und nicht um ein menschliches Versagen der unmittelbar Beteiligten. Es zeigt auch, wie wirtschaftliche Überlegungen dazu führen, dass notwendige Modifikationen an einem Flugzeug, die bereits nach vorangehenden Abstürzen bzw. Störfällen verlangt wurden, nicht oder erst verspätet realisiert wurden und dadurch zu weiteren Katastrophen geführt haben.

Um es vorwegzunehmen: Bei beiden Fehlerursachen sind in der Tat mehrere gleichartige Ereignisse vorgefallen, bevor der Absturz stattfand. Diese Ursachen waren aber nicht – in diesem Fall durch den Flugzeughersteller – beseitigt worden. Zusätzlich wurden auch von Fluggesellschaften Fehler bei Wartungsprozeduren festgestellt.

Am 25. Mai 1979 stürzte eine DC-10 der Fluggesellschaft American Airlines nach dem Start vom Chicagoer O'Hare Flughafen ab, nachdem sich ein Triebwerk vom Flügel gelöst hatte und verloren gegangen war.[102] Ein Triebwerk zu verlieren ist allein noch nicht hinreichend für einen Absturz, denn ein erfahrener bzw. gut für eine solche Situation trainierter Pilot kann das Flugzeug dann noch beherrschen, so dass es nicht zum Absturz kommt. Hier kam hinzu (gemeinsam mit dem Triebwerksverlust dann zusammen immer noch nicht hinreichend), dass beim Abscheren des Triebwerks in dem Verbindungsstück zum Flügel, „Pylon" genannt, Kabel abgerissen wurden, die die Landeklappen steuerten. Diese waren zu diesem Zeitpunkt, kurz nach dem Start, noch ausgefahren, um dem Flugzeug einen höheren Auftrieb zu geben. Es wurden nur bei einem Flügel (dem nichtbetroffenen) die Landeklappen eingefahren. Aber auch das ist immer noch eine Situation, in der die Piloten das Flugzeug weiterhin beherrschen können, denn mit Einsatz der vollen Leistung der verbliebenen zwei Triebwerke und diverser Manöver, sowie einseitig ausgefahrenen Landeklappen, kann das gelingen. Dies geling aber nur, wenn dem Piloten tatsächlich bekannt ist, dass die Landeklappen einseitig eingefahren

---

[101] Albert Einstein.

[102] Bei der DC-10 ist jeweils ein Triebwerk unter den beiden Hauptflügeln angebracht (wovon eines sich gelöst hatte), ein drittes am Heck als integraler Teil der Heckflosse.

sind – z. B. durch entsprechende Anzeigen. Aber genau hier lag die entscheidende Ursache: Vier Hydraulik-Leitungen waren durch das Abscheren des Triebwerks neben den Stromkabeln auch zerstört worden, und dies verhinderte, dass zwei Alarme angezeigt werden konnten:

- Ein „Flight Mismatch Signal", sowie
- ein „Stall Warning".

Hätte dem Piloten nur eine dieser beiden Informationen zur Verfügung gestanden, hätte er – sehr wahrscheinlich – das Flugzeug immer noch unter Kontrolle bekommen können durch die in dieser Situation angebrachten und erlernten Manöver. Es ist aber leider so, dass es keinen Alarm für die Anzeige eines nicht mehr funktionierendes Alarms gibt.

Original liest sich dies im Flugunfall-Untersuchungsbericht der NTSB:

> *The loss of control of the aircraft was caused by a combination of three events: the retraction of the left wing's outboard leading edge slats; the loss of the slat disagreement warning system; and the loss of the stall warning system – all resulting from the separation of the engine pylon assembly. Each by itself would not have caused a qualified flight crew to lose control of the aircraft, but together during a critical portion of the flight, they created a situation which afforded the flight crew an inadequate opportunity to recognize and prevent the ensuing stall of the aircraft.*

Dieser Teil des Berichts erklärt die Ursachen für den Kontrollverlust des Flugzeugs, was aber nicht unbedingt die wahrscheinliche Ursache des Unfalls sein muss. Letztendlich spielt dieser feine Unterschied eine wichtige Rolle bei den Fragen des Schadensersatzes in den möglicherweise nachfolgenden Gerichtsprozessen.[103]

An einer anderen Stelle des Reports wird als wahrscheinliche Ursache nämlich etwas ganz Anderes angeführt: Ein „<u>wartungsbedingter Bruch der Verbindung zwischen Triebwerk und Flügel</u>" – denken Sie hier an die „Root Cause" – Suche, hier wäre sie in diesem Fall. Das bei der letzten Wartung abgebaute Triebwerk war nach der Wartung falsch wieder montiert worden. Es wurde aber nicht weiter festgestellt, dass auch eine konstruktionsbedingte Ursache vorgelegen haben könnte, nämlich dass die Landklappen einfahren, sobald die Flügel beschädigt werden. Somit war der Hersteller des Flugzeugs „raus" und damit bestand auch keine wie auch immer geartete Verpflichtung von dessen Seite, diesen Fehler durch geeignete Modifikationen in der Zukunft zu vermeiden. Dies galt bzw. gilt nachträglich für bereits in Betrieb befindliche, und als Teil der Bauvorschrift für neue Flugzeuge. Deshalb hat McDonald-Douglas auch nicht entsprechend reagiert, mit dem Argument, dass das Flugzeug auch unter diesen Umständen unter Kontrolle zu bekommen sei. Allerdings stellt Perrow fest,[104] dass das Fliegen unter diesen Bedingungen hochriskant ist, dies muss auch Mc-Donald-Douglas festgestellt haben, denn es wurde immerhin als Folge dieses Unfalls ein zusätzliches Warnlicht im Cockpit

---

[103] Nach: Perrow, S. 138.

[104] Nach: Perrow, S.138.

installiert, das eine asymmetrische Stellung der Landeklappen anzeigt und das der Pilot auch unmittelbar quittieren muss.

Ähnliche Ereignisse mit demselben Flugzeugtyp sind wiederholt vorgefallen:

- 1977 in Pakistan (vor dem Absturz in Chicago).

- 1981 in Miami / USA, zwar brach hier das Triebwerk vor dem Abheben ab, aber die Kabel und Hydraulikleitungen wurden nicht zerstört.

- 1981 am Dulles Airport / USA.

McDonell-Douglas als Hersteller waren diese Tatsachen bekannt. Allerdings hatte das Unternehmen in einer Analyse festgehalten, dass

1. ein Verlust eines Triebwerks
2. mit Beschädigung der Landeklappensteuerung
3. während der Startphase

mit einer Wahrscheinlichkeit von 1: 1 Milliarde für möglich gehalten wurde, obwohl das gleiche Ereignis ja in wenigen Jahren mehrmals eingetreten war.[105]

Schließlich hat sich McDonell-Douglas doch noch dazu durchgerungen, eine technische Änderung durchzuführen und einen Nachrüstsatz anzubieten: Dieser kostet wenige Tausend Dollar und kann in wenigen Stunden eingebaut werden. Es ist nicht viel mehr als eine zusätzliche Sperrklinke, die angebracht werden muss und die einfach verhindert, dass in solchen Notsituationen die Landeklappen eingefahren werden.

Perrow stellt abschließend hierzu fest:

> *It took three years since the Chicago accident, five years and 273 deaths since the Pakistani accident for the Company to make the modification.* [106]

Wir stellen hier fest, dass es sich nicht um einen Fehler des Piloten handelte, sondern um eine fehlerhafte Montage des Triebwerks nach einer Wartung, die ein Abscheren und den Verlust eines Triebwerks in der Startphase zu Folge hatte. Den weiteren Verlauf haben wir oben dargestellt. Der Hersteller hat das Risiko einer Ereigniskette, die zum Absturz führt, für viel zu gering gehalten, und eine (einfache) technische Verbesserung zur Behebung dieses Mangels viel zu lange herausgezögert.

---

[105] So signifikant gehen Praxis und Theorie manchmal auseinander.

[106] Perrow, S. 138.

1.1.2 Absturz Turkish Airlines in Paris, 1974

Falls Gott die Welt geschaffen hat,
war seine Hauptsorge sicher nicht, sie so zu machen,
dass wir sie verstehen können.[107]

Eine der schwersten Katastrophen der Luftfahrt ereignete sich am 3. März 1974 in der Nähe von Paris, als dort eine vollbesetzte DC-10 Maschine abstürzte und 346 Menschen dabei den Tod fanden. Da es in diesen Jahren mehrfach zu Bombenattentaten auf Flugzeuge gekommen war, hat man zwei Tage lang auch hier vermutet, dass es sich um einen solchen Anschlag handelt. Einen Tag nach dem Unfall hat ein Reporter namens John Godson, der gerade ein Buch mit dem Titel *„The Rise and the Fall of the DC-10"* schrieb, in einer Nachricht gelesen, dass eine Laderaumtür dieses Flugzeugs weitab von den anderen Wrackteilen gefunden wurde. Er recherchierte weiter und kam tatsächlich auf den Grund des Absturzes: Statt eines Bombenanschlages handelte es sich hier darum, dass sich die Tür des Laderaums der DC-10 während des Fluges öffnete, und der entstehende Unterdruck die Decke des Frachtraums und den Boden der Passagierkabine zum Einsturz brachte. Dies führte zur Zerstörung wichtiger elektrischer Kabel und hydraulischer Leitungen, die unter dem Boden der Passagierkabine befestigt waren, und dadurch war das Flugzeug durch die Piloten nicht mehr kontrollierbar und stürzte ab.

Der Reporter vermutete zunächst diese Ursache, weil er erfahren hatte, dass der Hersteller des Flugzeugs, McDonell Douglas, schon im Jahre 1969 von einem niederländischen Ingenieur gewarnt worden war, als die ersten Prototypen dieses Flugzeugs gebaut wurden. Der Schließmechanismus der Cargotür sei, seines Ermessens nach, nicht sicher, und das würde im schlimmsten Fall während des Fluges dazu führen, dass sich die Tür öffnet. Bei einem Test auf dem Boden wurde Unterdruck erzeugt und die Tür hatte sich wirklich geöffnet. Tatsächlich sind bei Recherchen in Wartungsberichten elf Vorgänge mit Problemen des Schließmechanismus der Maschine aufgetaucht; und es gab sogar einen Beinahe-Unfall in Chicago am 12. Juni 1972, als die Laderaumtür sich während des Fluges öffnete, und dann herausbrach.

Tatsächlich hat die US-Amerikanische Flugsicherheitsbehörde NTSB der FAA empfohlen, eine bindende Anweisung zum Redesign der Frachtraumtür herauszugeben. Dies hätte im Übrigen am besten dadurch geschehen können, dass sich die Tür nach innen statt nach außen öffnet (wo sie durch den inneren Überdruck zusätzlich gehalten worden wäre, anstatt – wenn sie nach außen aufgeht, von diesem Druck herausgedrückt zu werden). Aber die FAA und der Flugzeughersteller einigten sich auf eine sehr einfache Lösung: den Einbau einer einfachen, zusätzlichen Platte. Tatsächlich wurden der FAA immer wieder Vorwürfe gemacht, sie schütze die Flugzeugindustrie vor den Forderungen der NTSB.

---

[107] Albert Einstein.

Tatsächlich wurde diese einfache Modifikation nach und nach in die Flugzeuge nachträglich eingebaut, aber es war nicht eindeutig aus den Aufzeichnungen ersichtlich, in welche tatsächlich: In das abgestürzte Flugzeug der Turkish Airlines zwei Jahre nach der Modifikation war es jedenfalls noch nicht eingebaut worden.

Aber es wäre zu kurz gegriffen, wenn man die Katastrophe allein auf die nicht durchgeführte Modifikation zurückführen würde. Es brauchte noch mehrere unabhängige Fehler, allerdings war die fehlende Modifikation sehr wohl notwendig (mit der Modifikation wäre die Katastrophe nicht passiert), aber eben nicht hinreichend (es mussten noch andere Ursachen zusammenkommen). Zusätzlich musste die Tür auch nicht vorschriftsmäßig geschlossen worden sein. Zu dieser Zeit hatte ein Streik der englischen Fluglotsen den gesamten Europäischen Flugverkehr nachhaltig gestört. Die auf ihren Startzeitpunkt („Slot") wartende türkische Maschine bekam kurzfristig eine Möglichkeit zu starten, und deshalb war Eile geboten. Es war ein Flug spät abends und alle Passagiere wollten schnellstmöglich ihren Flug antreten. Auch die Gepäckverladung geriet stark unter Zeitdruck. Derjenige Mitarbeiter des Gepäckteams, der die DC-10 beladen hatte und der auch die Tür zum Laderaum verschlossen hatte, war ein erfahrener Mitarbeiter. Allerdings war dieser Mitarbeiter unglücklicherweise mit der DC-10 nicht vertraut und die Anweisungen, die neben der Laderaumtür angebracht waren, waren in zwei Sprachen dort gedruckt, von denen der Mitarbeiter keine verstand. Der Verschlussmechanismus war auch relativ kompliziert und der Mitarbeiter verschloss die Tür zwar, aber der Riegel war nicht korrekt geschlossen. Es war aber so, dass man die Kabine nicht hätte unter Druck setzen können mit einer nicht korrekt geschlossenen Tür. Aber hier versagte das inzwischen nach den Tests von McDonell Douglas installierte Überwachungssystem – aus nicht bekanntem Grund – und die Kabine konnte unter Druck gesetzt werden, ohne dass die Tür korrekt geschlossen war, so dass sie dann später, als der Druckunterschied zwischen der Kabine und der Umgebung einen gewissen Wert überschritt, herausgeschleudert wurde. Es ist auch möglich, dass die Maschine noch vor dem Absturz hätte bewahrt werden können, wenn sie nicht so voll besetzt gewesen wäre: Dann wäre der Kabinenboden vielleicht unter einer geringeren Last nicht so katastrophal geborsten, dass alle Leitungen zerschnitten wurden.

Hier haben wir also die Kette, die zu dem Unglück führte:

1. Voraussetzung: Die Tür ging nach außen auf (Systemfehler).

2. Der Mitarbeiter der Gepäckverladung hat die Tür nicht richtig verschlossen.

3. Eine Sicherheitseinrichtung war defekt.

4. Die Tür wurde in einer bestimmten Flughöhe hinausgeschleudert.

5. Durch den Druckabfall wurde das Dach des Gepäckraums, und gleichzeitig der Boden der Passagierkabine, stark beschädigt bzw. zerstört und dadurch wurden hydraulische Leitungen zerstört.

6. In Folge dessen war das Flugzeug schließlich nicht mehr kontrollierbar und stürzte ab.

Eigentlich sind nur die ersten drei Punkte als Ursachen zu betrachten, die Ursachen vier bis sechs sind dann eigentlich eher Wirkungen oder notwendige Konsequenzen der ersten drei.

Aber die ersten drei Ursachen waren jede für sich notwendig und alle zusammen waren sie hinreichend, um die ab Punkt vier stattfindenden Ereignisse zu verursachen.

1.2 Kollision auf dem Taxiway zwischen Boeing 777 und Airbus A330 in Frankfurt, 2019

Ich habe keine besondere Begabung,
ich bin nur leidenschaftlich neugierig.[108]

Dieser Unfall auf dem Flughafen Frankfurt Main aus dem Jahr 2019 hat zwar nur Sachschaden verursacht, aber er kann uns beispielhaft vieles lehren über die Entstehung solcher Unfälle. Hierzu gibt es auch einen offiziellen Untersuchungsbericht des Bundeamts für Luftfahrt. In diesem Untersuchungsbericht werden die Fakten und objektiv verfügbaren Informationen aufgeführt, wie Entfernungen, Uhrzeiten, Positionen, Gespräche, Qualifizierung der Beteiligten usw. Es werden aber weder Verantwortlichkeiten für den Unfall vermutet, noch festgestellt, höchstens in gewisser Weise nahegelegt.

Im Nachfolgenden finden Sie den kompletten Untersuchungsbericht zu diesem Unfall.[109] Er beinhaltet zwar keine Schuldzuweisungen, durch die empfohlenen Verbesserungsmaßnahmen wird der Leser jedoch auf Versäumnisse bzw. Probleme hingewiesen – wenn auch implizit. So wird beispielsweise festgestellt, dass ein Pilot eine bestimmte Haltelinie nicht gesehen hat, es wird aber nicht gesagt, ob er sie hätte sehen müssen.

- Zunächst werden die Ereignisse dargestellt (Ereignisse und Flugverlauf),[110] die beteiligten Personen (Angaben zu Personen), die beteiligten Flugzeuge (Angaben zum Luftfahrzeug) mit Skizzen zu den in diesem Zusammenhang wichtigen Sichtwinkeln der Besatzung, meteorologische Informationen und Angaben zum Flugplatz.

- Dann kommt es zum konkreten Unfallgeschehen, das auch in Bildern dargestellt wird.

- In den „Zusätzlichen Informationen" wird auf ähnliche Zwischenfälle in der Vergangenheit hingewiesen.

- Der letzte Teil beschäftigt sich mit den Vorbeugungsmaßnahmen, die für die Piloten und für die Flugcontroller als Erkenntnis aus diesem Unfall empfohlen werden. Bemerkenswerterweise werden hier keine Hinweise für behördliche Maßnahmen oder Empfehlungen zur Erstellung neuer oder zur Änderung bestehender Regelwerke gegeben.

Nach der Analyse des nachfolgenden Berichts werden wir im Anschluss versuchen, herzuleiten, welche die tatsächlichen Ursachen dieses Unfalls gewesen sein könnten.

---

[108] Albert Einstein.

[109] www.bfu-web.de / Dem hier weiter interessierten Leser kann empfohlen werden, sich einmal alle Berichte auf der Homepage des Bundesamtes für Luftfahrt in der Übersicht anzuschauen und gegebenenfalls einzelne Ereignisse dann eingehender zu studieren.

[110] Auch wenn es sich hier um einen Unfall am Boden handelt und nicht in der Luft.

APOKALYPSE:
Griechisch *ἀποκάλυψις* „Enthüllung", wörtlich „Entschleierung" vom Griechischen *καλύπτειν*, „verschleiern".
In prophetisch-visionärer Sprache berichtet eine Apokalypse vom katastrophalen „Ende der Geschichte" und vom Kommen und Sein des Reichs Gottes.

Untersuchungsbericht

Der Untersuchungsbericht wurde gemäß § 18 FlUUG summarisch abgeschlossen, d.h. ausschließlich mit Darstellung der Fakten.

Identifikation

Art des Ereignisses:	Unfall
Datum:	16.11.2019
Ort:	Flughafen Frankfurt/Main
Luftfahrzeuge:	Flugzeug
Hersteller / Muster:	Airbus Industries / A330-200
	The Boeing Company / B777-300ER
Personenschaden:	ohne Verletzte
Sachschaden:	A330-200 leicht beschädigt
	B777-300ER schwer beschädigt
Drittschaden:	keiner
Aktenzeichen:	BFU19-1564-AX

Sachverhalt

Ereignisse und Flugverlauf

Am Unfalltag startete die Boeing 777-300ER mit 261 Personen an Bord um 05:03 UTC für einen Flug von Seoul, Südkorea, nach Frankfurt/Main, Deutschland. Die Landung erfolgte um 17:37 Uhr[111] in Frankfurt. Nach der Landung wurde die Cockpitbesatzung vom Turm Frankfurt angewiesen: „[...] *vacate right Mike, Mike eight, category two holding point runway two five center"*. Um ca. 17:43 Uhr stoppte die Boeing vor der Haltelinie auf dem Abzweig vom Rollweg M zum Rollweg M8. Die Rumpflängsachse stand in ca. 45° zur Haltelinie. Nach Angaben der Besatzung seien sie wie üblich, an die Haltelinie herangerollt.

Der Airbus A330-200 war mit 229 Personen an Bord um 07:14 UTC in Windhoek, Namibia, zum Flug nach Frankfurt/Main gestartet. Die Landung in Frankfurt erfolgte um 17:39 Uhr. Danach wurde die Cockpitbesatzung vom Turm Frankfurt angewiesen: „[...] *taxi right, Mike, Tango, hold short Tango four"*.
Der Airbus rollte den Rollweg M entlang. Kurz vor Erreichen des Abzweiges zum Rollweg M8 wurde die Rollgeschwindigkeit verzögert. Beim Passieren des Abzweiges, um ca. 17:44 Uhr, kollidierte das linke Winglet des Airbus mit dem Höhenleitwerk der Boeing. Das Höhenleitwerk wurde hierbei schwer beschädigt. Laut der Aufzeichnung des Cockpit Voice Recorders hatte die Besatzung des Airbus die Boeing gesehen und war sich bewusst, dass der Abstand gering sein könnte.
Nach der Unfallaufnahme vor Ort wurden beide Luftfahrzeuge zu den angewiesenen Parkpositionen geschleppt und die Passagiere konnten die Luftfahrzeuge auf normalem Wege verlassen. Bei der Kollision wurde niemand verletzt.

Angaben zu Personen
Cockpitbesatzung A330-200

Der 59 Jahre alte verantwortliche Luftfahrzeugführer war im Besitz einer Lizenz für Verkehrspiloten (ATPL) mit der zeitlich gültigen Musterberechtigung für A330/350, ausgestellt durch die französische Luftfahrtbehörde. Er verfügte über ein gültiges flugmedizinisches Tauglichkeitszeugnis Klasse 1.

---

[111]Alle angegebenen Zeiten, soweit nicht anders bezeichnet, entsprechen
der Ortszeit.

Die 39 Jahre alte Copilotin war im Besitz eines ATPL mit der zeitlich gültigen Musterberechtigung für A330 in der Funktion als Copilot, ausgestellt durch die namibische Luftfahrtbehörde. Sie verfügte über ein gültiges flugmedizinisches Tauglichkeitszeugnis Klasse 1.
Die zweite, 51-jährige, Copilotin war im Besitz eines ATPL mit der zeitlich gültigen Musterberechtigung für A330 in der Funktion als Copilot, ausgestellt durch die namibische Luftfahrtbehörde. Sie verfügte über ein gültiges flugmedizinisches Tauglichkeitszeugnis Klasse 1.

Cockpitbesatzung B777-300ER

Der 54 Jahre alte verantwortliche Luftfahrzeugführer war im Besitz einer Lizenz für Verkehrspiloten (ATPL) mit der Musterberechtigung für B777, ausgestellt durch die koreanische Luftfahrtbehörde. Er verfügte über ein gültiges flugmedizinisches Tauglichkeitszeugnis Klasse 1.
Der 40 Jahre alte Copilot war im Besitz eines ATPL mit den Musterberechtigungen für B737 und B777, ausgestellt durch die koreanische Luftfahrtbehörde. Er verfügte über ein gültiges flugmedizinisches Tauglichkeitszeugnis Klasse 1.

Angaben zum Luftfahrzeug
Airbus A330-200

Der Airbus A330-200 ist ein Verkehrsflugzeug mit zwei Mantelstromtriebwerken in Tiefdecker Bauweise und einem konventionellen Leitwerk.

Hersteller:	Airbus Industries
Baujahr:	2013
Werknummer:	1451
Triebwerke:	2 Rolls-Royce Trent 772B
Betriebszeit:	ca. 20 467 Stunden
Spannweite:	60,3 m
Rumpflänge:	58,98 m

Das Flugzeug war in der Republik Namibia zum Verkehr zugelassen und wurde von einem namibischen Luftfahrtunternehmen betrieben.

Sicht aus dem Cockpit:

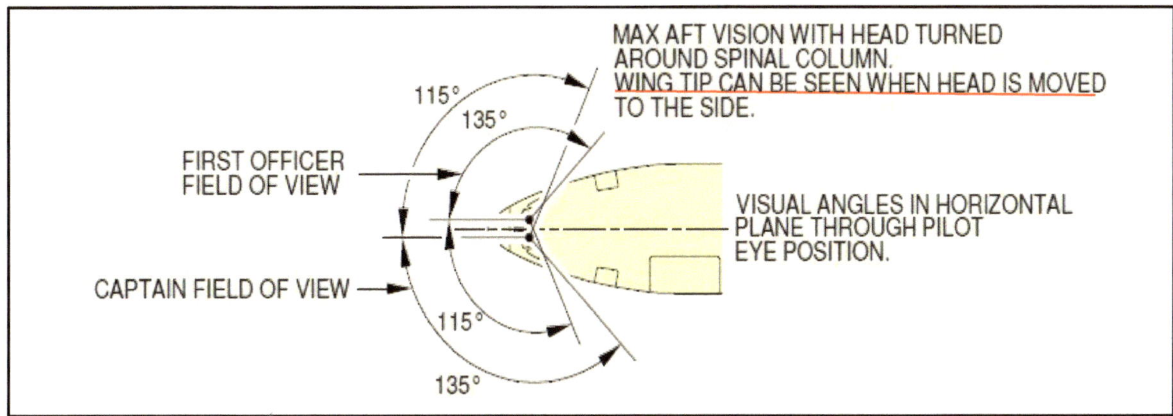

Abb. 1: Blickmöglichkeit in Richtung des linken Tragflächenendes   Quelle Airbus

Boeing 777-300ER

Die Boeing 777-300ER ist ein Verkehrsflugzeug mit zwei Mantelstromtriebwerken in Tiefdecker Bauweise und einem konventionellen Leitwerk.

Hersteller: The Boeing Company

Baujahr: 2018

Werknummer: 60380

Triebwerke: 2 General Electric GE90-115BL

Betriebszeit: ca. 7 974 Stunden

Landungen: 1 111

Spannweite: 64,8 m

Rumpflänge: 73,9 m

Der Abstand vom Bugrad bis zum Blickpunkt nach unten vor dem Flugzeug vom Cockpit (Pilot's Eye Position) aus beträgt 19,03 m.

Das Flugzeug war in der Republik Korea zum Verkehr zugelassen und wurde von einem koreanischen Luftfahrtunternehmen betrieben.

Sicht aus dem Cockpit:

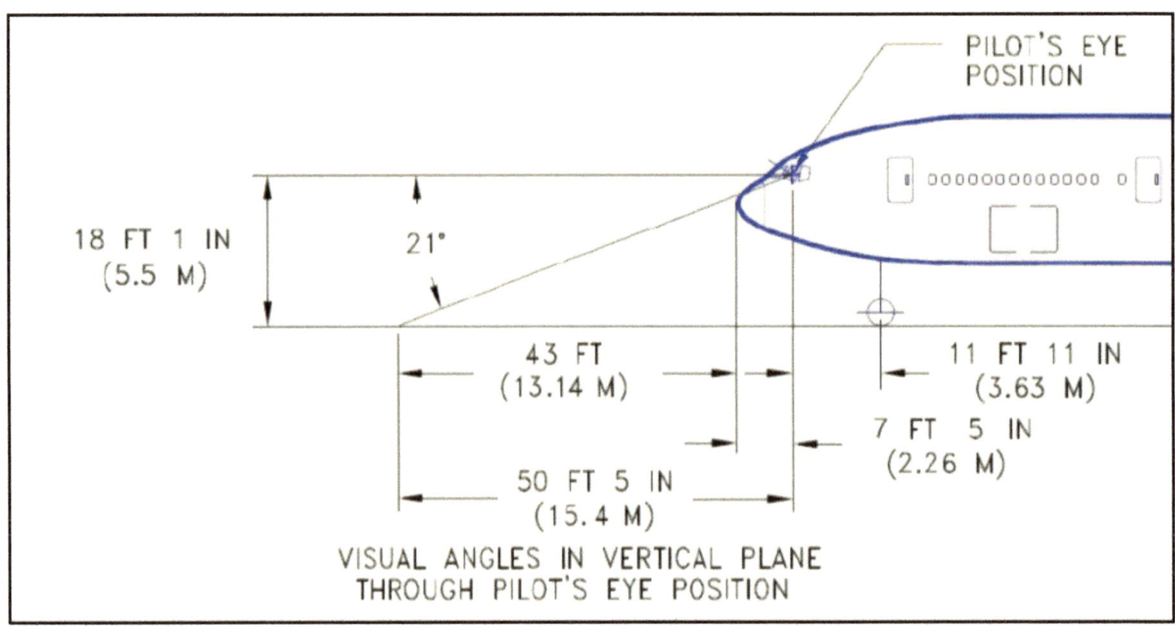

Abb. 2: Blickmöglichkeiten aus dem Cockpit nach unten.   Quelle: Boeing

Meteorologische Informationen

Die Routinewettermeldung (METAR) des Flughafens Frankfurt/Main von 16:50 Uhr lautete wie folgt:

Wind: 080°/4 kt, variable zwischen 030° und 110°

Sicht: größer als 10 km

Bewölkung: 1-2 achtel in 2 500 ft AGL

Temperatur: 3 °C

Taupunkt: 2 °C

Luftdruck (QNH): 1 012 hPa

Zum Zeitpunkt der Kollision war es dunkel.

Funkverkehr

Während der Landung und dem Rollen beider Luftfahrzeuge bestand jeweils Funkkontakt mit dem Kontrollturm Frankfurt auf der Frequenz 119.905 MHz. Der Funkverkehr wurde aufgezeichnet. Die Umschriften standen der BFU zur Auswertung zur Verfügung.

Angaben zum Flugplatz

Der Verkehrsflughafen Frankfurt/Main (EDDF) befindet sich 6,5 NM südwestlich des Zentrums der Stadt Frankfurt. Er liegt auf einer Höhe von 364 ft AMSL. Der Flughafen verfügte über drei parallele Pisten mit der Ausrichtung 068°/248° sowie einer Piste mit der Ausrichtung 178°.

Der Rollweg M, auf dessen Abzweig zum Rollweg M8 sich der Unfall ereignete, verlief parallel zwischen den Pisten 25L und 25C. Der Rollweg M8 befand sich im östlichen Bereich. Er war auf der Aerodrome Ground Movement Chart mit dem Hinweis versehen: *Explicit clearance required for crossing RWY 07C/25C. Stop at CAT II/III holding point, stopbar is illuminated under all weather conditions.*

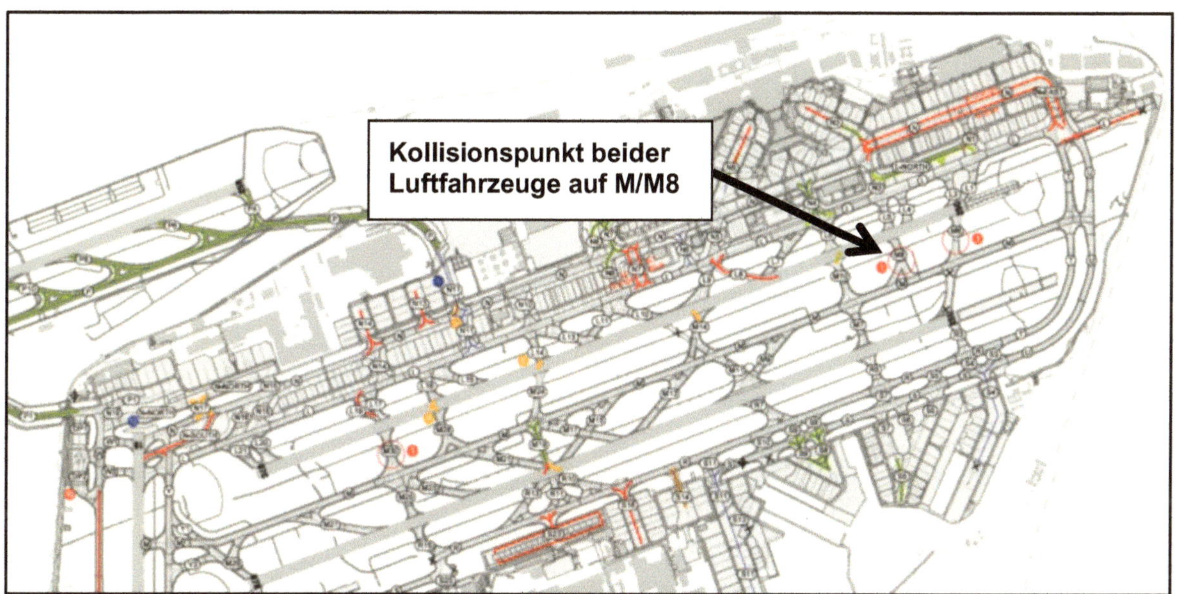

Abb. 3: Übersicht der Pisten und Rollwege am Flughafen Frankfurt/Main   Quelle: AIP

Gemäß Luftfahrthandbuch Deutschland (AIP) Punkt 4.4.6 Halteverfahren an Rollhalten vor Start- und Landebahnen werden Luftfahrzeugführer gebeten [...], *jeweils so dicht wie möglich am entsprechenden Rollhalt zu halten, um anderen Luftfahrzeugen das Vorbeirollen zu ermöglichen. Dies entlässt den Luftfahrzeugführer eines vorbeirollenden Luftfahrzeugs nicht aus der Verantwortung, den Sicherheitsabstand zum haltenden Luftfahrzeug sicherzustellen.*

Flugdatenaufzeichnung

Die Flight Data Recorder (FDR) und die Cockpit Voice Rekorder (CVR) der beiden Luftfahrzeuge wurden von der BFU sichergestellt und ausgewertet.
Die Daten der FDR wurden für die Darstellung des Sachverhalts verwendet. Aus den FDR Daten war zu erkennen, dass die B777-300ER stillstand und der A330-200 vor Erreichen des Abzweigs verzögert wurde und dann langsam weiter rollte bis zur Kollision (siehe Abb. 4 und Abb. 5).

Recorder A330-200
FDR

Hersteller: L-3COM

Typ: FA 2 100

Teilenummer: 2100-4045-00

Seriennummer: 702014
Gespeichert wurden die Daten der letzten 109,83 Stunden.

CVR

Hersteller: L-3COM

Typ: FA 2 100

Teilenummer: 2100-1026-02

Seriennummer: 954704
Es wurden 120 Minuten Aufzeichnung generiert. Die Aufzeichnung beinhaltete zeitlich unter anderem das Rollen, inkl. der Kollision und endete nach dem Abstellen der Triebwerke auf dem Rollweg M.

Recorder B777-300ER
FDR

Hersteller: L-3COM

Typ: FA 2 100

Teilenummer: 2100-4945-022

Seriennummer: 1248139
Die Daten der letzten 71,28 Stunden wurden gespeichert.

CVR

Hersteller: L-3COM

Typ: FA 2 100

Teilenummer: 2100-1925-022

Seriennummer: 1248947

Es wurden 120 Minuten Aufzeichnung generiert. Die Aufzeichnung begann zeitlich erst nach der Kollision und endete mit dem Erreichen der Parkposition für das Aussteigen der Passagiere.

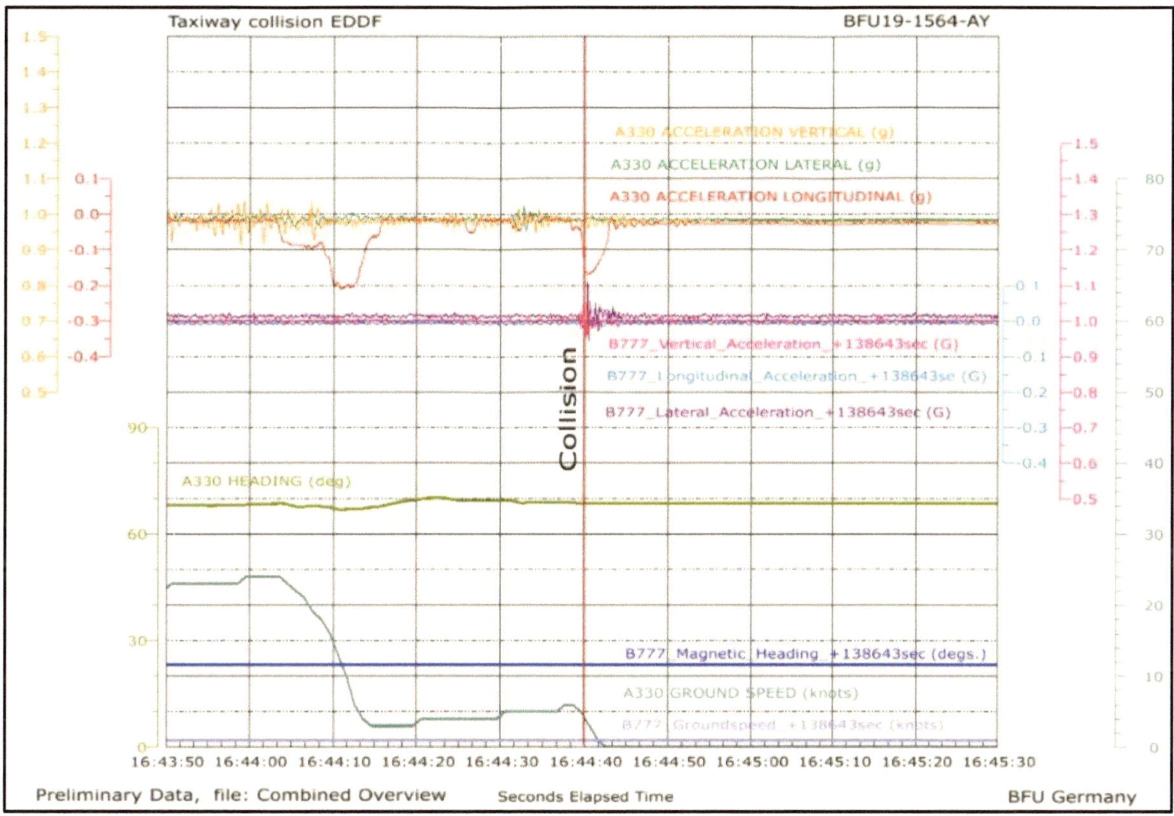

Abb. 4: Übersicht der FDR Daten zur Bestimmung des Kollisionszeitpunkts   Quelle: BFU

Unfallstelle und Feststellungen am Luftfahrzeug

Die Kollision ereignete sich ab dem Abzweig vom Rollweg M zum Rollweg M8.

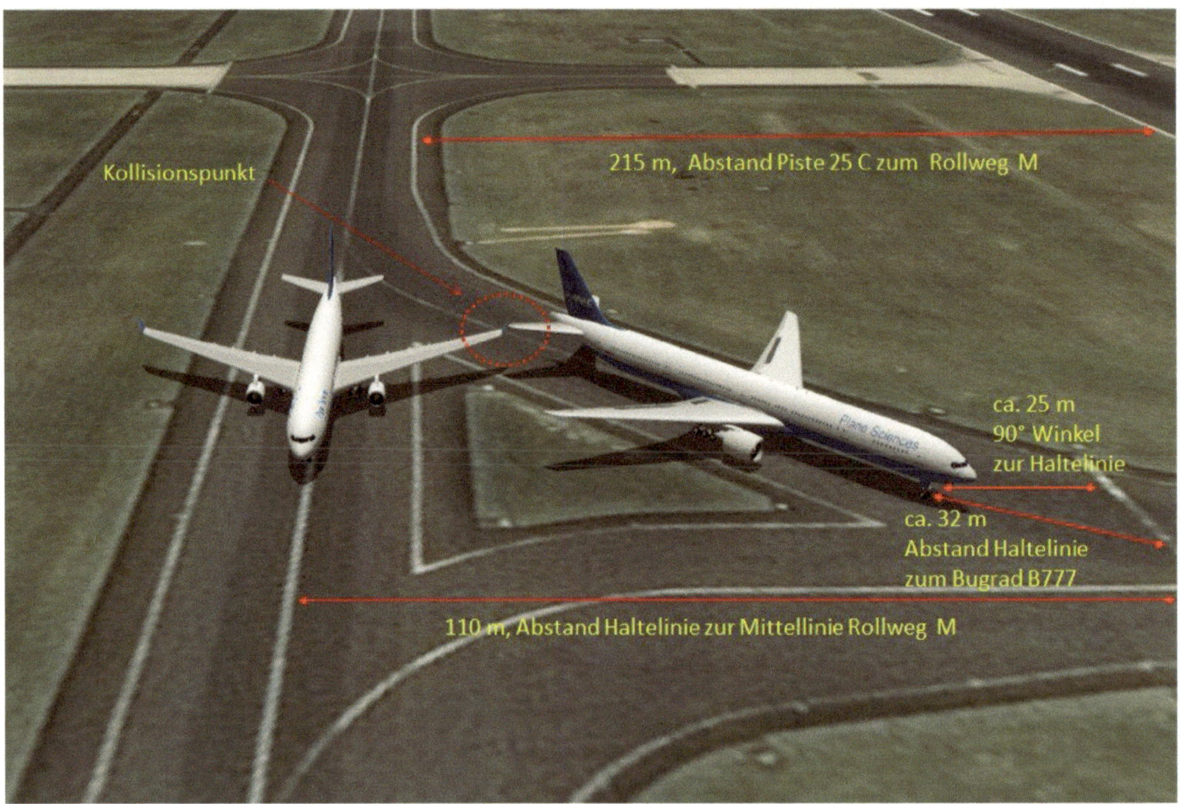

Abb. 5: Rekonstruktion der Position beider Flugzeuge bei der Kollision   Quelle: BFU

Die Boeing 777-300ER stand zirka in Richtung Nord, in Richtung der Haltelinie Cat II/III, auf dem Abzweig vom Rollweg M zum Rollweg M8. Das rechte Bugrad des Flugzeugs stand auf der gelben Mittellinie. Das Bugrad war entlang der gelben Mittellinie gemessen ca. 32 m und im 90° Winkel gemessen ca. 25 m von der Haltelinie des Rollwegs M8 entfernt.

Abb. 6: Entfernung der Boeing 777-300ER zur Haltelinie   Quelle: FRA Airport Security

Der Airbus A330-200 stand auf dem Rollweg M in Richtung Osten, mit dem linken Bugrad ungefähr auf der gelben Mittellinie.

Abb. 7: Position beider Luftfahrzeuge nach der Kollision   Quelle: FRA Airport Security

Bei der Kollision wurde der äußere Bereich des rechten Höhenleitwerks der Boeing 777-300ER beschädigt. Teile des Leitwerks lagen ca. 28 m hinter dem Rumpf der Boeing auf dem Rollweg M. Am Airbus A330-200 wurde an der linken Tragfläche das nach oben zeigende Winglet beschädigt.

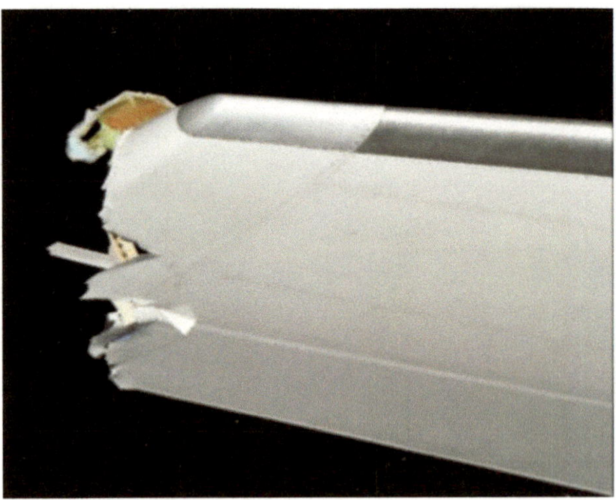

Abb. 8: Beschädigungen am Leitwerk B777 und am linken Winglet A330. Quelle: FRA Airport Security

Quelle: FRA

Brand

Es gab keine Hinweise auf einen Brand.

Organisationen und deren Verfahren

In internationalen Richtlinien und luftrechtlichen Vorgaben war nicht eindeutig definiert, wie dicht vor einem Rollhalt (Holding Point und Stop Bar) gehalten werden soll. Es war vorgeschrieben, dass der Rollhalt ohne Freigabe keinesfalls überrollt werden darf und die Luftfahrzeuge frei bleiben müssen von dem Rollhalt bzw. der Haltelinie.

Nach Angaben von Piloten war es üblich so nah heran zu rollen, bis gerade noch die Haltelinie einschließlich der Stop-Bar-Befeuerung zu erkennen war.

Auszüge aus dem ICAO Doc 4444 Air Traffic Management:

Definition Runway-holding position: A designated position intended to protect a runway, an obstacle limitation surface, or an ILS/MLS critical/sensitive area at which taxiing aircraft and vehicles shall stop and hold, unless otherwise authorized by the aerodrome control tower.

7.6.3.1.3.1 Except as provided in 7.6.3.1.3.2 or as prescribed by the appropriate ATS authority, aircraft shall not be held closer to a runway-in-use than at a runway-holding position.

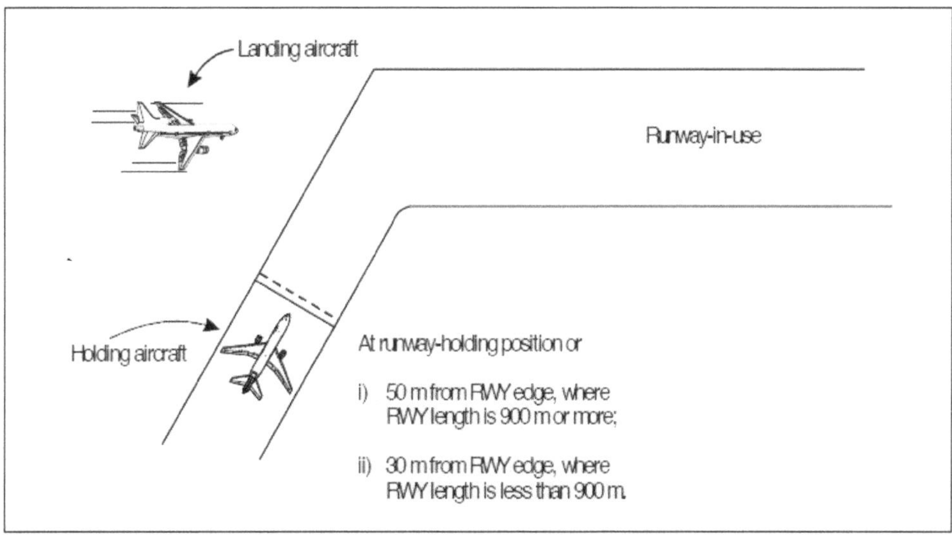

Figure 7-2. Method of holding aircraft (see 7.6.3.1.3.2)

7.12.1.1.1 At the intersection of taxiways, an aircraft or vehicle on a taxiway shall not be permitted to hold closer to the other taxiway than the holding position limit defined by a clearance bar, stop bar or taxiway intersection marking […]

7.15.7 Stop bars

Stop bars shall be switched on to indicate that all traffic shall stop and switched off to indicate that traffic may proceed.

Note: Stop bars are located across taxiways at the point where it is desired that traffic stop, and consist of lights, showing red, spaced across the taxiway.

Beim Rollen eines Luftfahrzeugs liegt die Aufgabe der Kollisionsvermeidung beim Luftfahrzeugführer. Laut ICAO Annex 2 Rules of the Air, *2.3.1 Responsibility of pilotin-command: The pilot-in-command of an aircraft shall, […] be responsible for the operation of the aircraft in accordance with the rules of the air, […].* 3.2 Avoidance of collisions: *Nothing in these rules shall relieve the pilot-in-command of an aircraft from the responsibility of taking such action, including collision avoidance manoeuvres […]. It is important that vigilance for the purpose of detecting potential collisions be exercised on board an aircraft, regardless of the type of flight or the class of airspace in which the aircraft is operating, and while operating on the movement area of an aerodrome.*

Zusätzliche Informationen

Eine vergleichbare Kollision mit Schäden am äußeren rechten Höhenleitwerk an einer B737 und Schäden am linken Tragflächenende eines A310 ereignete sich in Frankfurt/Main am 25.07.1999. Die BFU veröffentlichte hierzu den Untersuchungsbericht mit dem Aktenzeichen AX001-1/2/99.

Ein weiterer Unfall ereignete sich zuvor am 22.02.1998 in Frankfurt/Main, als eine ATR72 hinter einer TU154 vorbeirollte. Die BFU veröffentlichte hierzu den Untersuchungsbericht mit dem Aktenzeichen 1X001-0/98.

Da bei beiden Unfällen die Unbestimmtheit der Entfernung des Haltepunktes des Luftfahrzeugs vor dem angewiesenen Holding Point eine beitragender Unfallursache war, richtete die BFU damals die Sicherheitsempfehlung 13/1999 an die ICAO: *The phrase „HOLD SHORT OF (position)" in accordance with ICAO Doc 4444, Part X, para 3.4.9d should be replaced by a more precise phrase or deleted.* Diese Empfehlung wurde nicht umgesetzt.

Am 09.09.2012 ereignete sich am Abzweig vom Rollweg M zum Rollweg M8 des Flughafens Frankfurt/Main eine leichte Kollision zwischen einer B737-800 und einem A340-300 beim Versuch der Besatzung der Boeing, unter Ausnutzung der gesamten Rollwegbreite, am Airbus vorbei zu rollen. Bei der Kollision entstanden Kratzspuren am Winglet der Boeing und an der Tragfläche des Airbus (BFU 12-012-PX-802).

Die Internetplattform Skybrary schrieb zum Thema Taxiway Collisions im Jahr 2018:

[...] While most occurrences on airport aprons and taxiways do not have consequences in terms of loss of life, they are often associated with aircraft damage, delays to passengers and avoidable financial costs. [...]

Assuming that ATC maintains situational awareness and issues a correct taxi clearance — and the aircraft flight crew complies with clearances or standard routings — the highest risk of wing tip collision occurs when multiple aircraft are holding or taxiing in the manoeuvring area (e.g., near a runway entry point, changing the queuing order (especially at night) or moving without benefit of visible taxiway centrelines; Flight crews of swept-wing aircraft must stay alert to the physical clearance during a turn in which the wing tip describes an arc greater than the normal wingspan due to the geometry of the aircraft and the arrangement of the landing gear.

Prevention

Most taxiway accidents and incidents are preventable. This prevention is dependent upon appropriate training and testing, compliance with clearances, published procedures and right-of-way rules, maintaining situational awareness and adapting speed of movement to suit the weather and surface conditions. Some specific accident prevention strategies are as follows: [...]

Controllers

- *The ground controller is responsible for the safe and efficient movement of aircraft and vehicle traffic on the taxiways and aprons. They should: ∘provide the appropriate clearance for the requested action*
- *ensure that the clearance readback is accurate*
- *to the extent possible, monitor the movement visually, via transponder or by use of multilateration equipment to ensure clearance compliance*

Pilots

- *In general, pilots are responsible for the ground movement of an aircraft from the runway to the gate and from the gate to the runway although they may also reposition aircraft from one point on the airfield to another. In all cases they should: request, readback and comply with an appropriate clearance*
- *maintain situational awareness*
- *taxi at a speed appropriate to the conditions and traffic situation*
- *maintain the centre of the taxi lane*
- *be vigilant for taxi lane compromise by another aircraft, vehicle or object*
- *not assume that vehicles will yield right-of-way*

Untersuchungsführer: Axel Rokohl

Mitwirkung: Michel Buchwald, Berndt Dreyer

Braunschweig den 06.02.2020

Die Untersuchung wird in Übereinstimmung mit der Verordnung (EU) Nr. 996/2010 des Europäischen Parlaments und des Rates vom 20. Oktober 2010 über die Untersuchung und Verhütung von Unfällen und Störungen in der Zivilluftfahrt und dem Gesetz über die Untersuchung von Unfällen und Störungen beim Betrieb ziviler Luftfahrzeuge (Flugunfall-Untersuchungs-Gesetz - FlUUG) vom 26. August 1998 durchgeführt.

Danach ist das alleinige Ziel der Untersuchung die Verhütung künftiger Unfälle und Störungen. Die Untersuchung dient nicht der Feststellung des Verschuldens, der Haftung oder von Ansprüchen.

Herausgeber

Bundesstelle für
Flugunfalluntersuchung

Hermann-Blenk-Str. 16
38108 Braunschweig

Telefon   0 531 35 48 - 0
Telefax   0 531 35 48 - 246

Mail   box@bfu-web.de
Internet   www.bfu-web.de

Soweit der Originalbericht. Zusammenfassend stellt sich uns das Geschehen also folgendermaßen dar

Wie wir dem Bericht entnehmen, sind zwei Flugzeuge auf dem Rollweg (Taxyway) in Frankfurt / Main zusammengestoßen. Bei beiden Flugzeugen handelt es sich um Linienflugzeuge mit Berufspiloten an Bord, die alle notwendigen Flugscheine, Gesundheitszeugnisse etc. besitzen, die sie zum Führen ihres Flugzeugs befähigen und erforderlich sind.

Eine Boeing 777-300ER einer südkoreanischen Fluglinie bog nach ihrer Landung und nachdem sie eine entsprechende Weisung bekommen hatte, zum Rollweg M8 ab, war vor der Haltelinie zum Übergang auf den Rollweg M zum Stand gekommen und wartete dort auf weitere Anweisungen vom Tower.

Ein Airbus A330-200 einer südafrikanischen Fluglinie hatte bei seiner Landung die Anweisung erhalten, den Rollweg M zu befahren. Auf dem Rollweg M8 rollte er entlang, wurde vor dem Abzweig zur Rollbahn M8 kurz verzögert, rollte dann weiter und kollidierte mit seinen Winglets (die hochgestellten Flügelenden) mit dem Höhenruder am Heck der am Abzweig wartenden 777. Hier kann man sich das Bild 5 des Untersuchungsberichts mit den Positionen der Flugzeuge anschauen.

Das war das Geschehen an diesem Tag. Für uns ist jetzt die Frage interessant, wo die Ursachen für diesen Unfall zu suchen sind und ob wir aus dem Bericht diese Ursachen auch festmachen können.

Als mögliche Ursachen kommen grundsätzlich in Frage (auch als Mehrfachnennungen):

1. <u>Die Besatzung des Airbus 330</u> (vielleicht, weil sie offensichtlich erkannte, dass die Vorbeifahrt zumindest knapp ausfallen würde und deshalb auch zögerte, aber gleichwohl weiterfuhr – nach dem Motto „wird schon gut gehen").

2. <u>Die Besatzung der Boeing 777</u> (die vielleicht mit ihrem Flugzeug an der falschen Stelle stehengeblieben ist – nämlich zu weit von der Haltelinie entfernt, so dass der dahinter vorbeifahrende Airbus die Kollision auch bei Einhalten seines Fahrwegs nicht verhindern konnte).

3. <u>Der Controller des Flughafens</u> (der vielleicht durch falsche, irreführende oder unklare Anweisungen die Kollision verursacht hat).

4. <u>Die jeweilige Fluggesellschaft</u> (vielleicht weil sie eine Empfehlung einer Sicherheitsbehörde für ihre Piloten entweder nicht umgesetzt hat, oder weil sie eine solche Situation nicht trainiert hatte).

5. <u>Der Flughafen</u> selbst (vielleicht entweder durch einen Fehler einer installierten Anlage oder falsch positionierte Haltelinien usw.).

6. <u>Internationale Richtlinien und luftrechtliche Vorgaben</u> (vielleicht keine klaren Angaben zum präzisen Haltepunkt vor einem Stopp-Balken).

Kommen wir nun zu den einzelnen möglichen Ursachen. Dabei können wir zunächst für die Punkte 1 und 2 feststellen, dass die Aufgabe der Kollisionsvermeidung beim Rollen beim Luftfahrzeugführer liegt („Pilot-in-Command"). Die Details dazu findet man auf S. 12 des Untersuchungsberichts. Das allein stellt jedoch keine Ursache dar, zumal, wenn sich die Flugzeugführer verantwortungsvoll und vorsichtig verhalten und stets darauf achten, mögliche Kollisionen zu vermeiden, solange sie sich auf dem Flugfeld bewegen. Das führt jetzt zu der Frage, ob sie sich tatsächlich auch so verhalten haben.

Wenn wir **den Piloten der stehenden Boeing 777** fragen, welche genauen Anweisung es gibt, wo genau bei einer Haltelinie tatsächlich gehalten werden muss, dann ergibt sich (nach dem Untersuchungsbericht) auf den „Rollhalt" bezogen, die folgende Sachlage:[112]

- Der Stopp-Balken darf nicht überfahren werden. Klare Regel, die hier eingehalten wurde.

- Das Flugzeug muss sich von dem Stopp-Balken fernhalten, d.h. es darf auch nicht darauf stehen, sondern muss immer <u>davor </u>stehenbleiben. Auch hier eine klare Regel, die ebenfalls eingehalten wurde.

- Die wichtigste Frage ist nun: Wie nah darf/muss man an den Stopp-Balken heranfahren bzw. wie weit davor darf/muss man stehenbleiben? Nach Angaben des Piloten der 777 war es üblich, so nah an den Stopp-Balken heranzurollen, bis gerade noch die Haltelinie und die Befeuerung dieser Linie vom Cockpit aus zu erkennen waren.[113] Diese Sichtweite nach vorn und unten ist aber von Flugzeug zu Flugzeug unterschiedlich, so sieht ein Jumbo-Kapitän den Balken vielleicht bis max. 20 Meter vor seinem Flugzeug, der Pilot einer 737 vielleicht bis 10 Meter Entfernung. Das hat dann notwendigerweise zur Folge, dass der ohnehin längere Jumbo noch weitere 10m davor stehenbleibt. Nach der Zeichnung 2 im BFU-Untersuchungsbericht konnte der Pilot die Haltelinie nur bis zu einer Entfernung von ca. 14m vor dem Flugzeug sehen, danach nicht mehr. Er musste also mindestens 15m davor stehenbleiben, wenn er die Linie noch im Blick haben wollte. Es gibt in den Vorschriften tatsächlich nur eine qualitative, aber keine quantitative Angabe zum Haltepunkt: *„jeweils so dicht wie möglich am entsprechenden Rollhalt zu halten, um anderen Luftfahrzeugen das Vorbeirollen zu ermöglichen."* Insofern ist hier festzustellen, dass es keine Vorschrift gibt, wie weit das Flugzeug genau – also z.B. in Metern oder in Fuß - vor der Haltelinie stehenbleiben muss.[114]

Man kann also dem Piloten der wartenden 777 keinen Fehler zuschreiben, weil er alle Vorschriften befolgt hat und nicht wissen konnte, dass sein Flugzeug hinten in die Bahn seines Kollisionsgegners hineinragte.

---

[112] Aus dem Untersuchungsbericht geht ja klar hervor, dass die 777 zu weit hinten stand und mit ihrem Heck in die Rollbahn des Airbus hineinragte.

[113] Im Untersuchungsbericht ist für beide Flugzeuge eine Zeichnung dargestellt mit den Sichtverhältnissen, insbesondere auch mit dem toten Winkel, in dem die Markierung nicht mehr zu erkennen war.

[114] Ganz offensichtlich sind die Regeln so angelegt worden, dass in jedem Fall verhindert werden muss, dass die Haltelinie überfahren wird, da diese Rollwege die Start- und Landebahnen kreuzen. Wie weit die haltenden Flugzeuge nach hinten in Taxyways hineinreichen, war wohl nicht so wichtig, dass es hätte festgelegt werden müssen.

Stellt man sich nun die Frage, welchen Beitrag **der Pilot des Airbus 330** zu diesem Unfall geleistet hat, dann kann man zunächst feststellen,

- dass er weisungsgemäß auf seiner ihm zugewiesenen Rollbahn unterwegs war, und zwar auch - wieder vorschriftsmäßig – in der Mitte der Bahn.

- Allerdings muss sich der Pilot des Airbus vorhalten lassen, dass er bei der Annäherung an das stehende Flugzeug Zweifel hatte, – siehe die Sprachaufzeichnungen – ob er an der Boeing 777 , die er klar sehen konnte, auch tatsächlich vorbeikommen würde. Wie die Aufzeichnung der Geschwindigkeit des Airbus in Bild 4 des Untersuchungsberichts auch zeigt, hat der Pilot ca. 30 Sekunden vor dem Zusammenstoß seine Geschwindigkeit deutlich verlangsamt, und zwar von ca. 45 auf acht Knoten – wahrscheinlich, weil er in diesem Moment erkannt hatte, dass es knapp werden könnte. Nach Zeichnung 1 des Untersuchungsberichts konnte der Pilot auf seiner Seite die Winglets nach hinten sehen. Man kann auch vermuten, dass er nach dem Abbremsen nachgeschaut hat, ob es „passt", bzw. dass er sich langsam vortasten wollte. Nachdem er – fälschlicherweise, weil er sich wohl optisch verschätzte – meinte, er komme an der 777 vorbei, hat er auch langsam wieder beschleunigt und ist dann mit zehn Knoten Geschwindigkeit mit dem Höhenleitwerk der 777 kollidiert, das alles kann man der Geschwindigkeitsanzeige in Bild 4 des Berichts klar entnehmen. Er muss sich damit vorhalten lassen, dass er gegen eine Vorschrift verstoßen hat, die da lautet (s. Untersuchungsbericht): *„... dies (gemeint ist hier die möglicherweise inkorrekte Halteposition eines anderen stehenden Flugzeugs vor ihm oder neben ihm) entlässt den Luftfahrzeugführer eines vorbeirollenden Luftfahrzeugs nicht aus der Verantwortung, den Sicherheitsabstand zum haltenden Luftfahrzeug <u>sicherzustellen.</u>"* Dagegen hat der Pilot des Airbus eindeutig verstoßen, denn er hat als rollendes Luftfahrzeug <u>nicht sichergestellt</u> (was gerade auch wegen seiner Zweifel notwendig gewesen wäre), dass der Rollweg tatsächlich frei war. Er hätte z.B. etwas von der Mitte der Rollbahn nach rechts lenken können und damit die Kollision sicher verhindert – er hätte die Gefahrenstelle sozusagen „umfahren" können.

Dem **Flugcontroller** ist nach dem Untersuchungsbericht kein Falschverhalten vorzuhalten, denn er hatte klare Anweisungen gegeben und auch er konnte nicht erkennen, dass eine Kollision möglich war.

Bei den **Fluggesellschaften** vermag man nach Lesen des Untersuchungsberichts auch kein Verschulden zu erkennen.

Das gleich gilt für den **Flughafen**, alle Anlagen haben korrekt funktioniert, die Haltelinie war richtig positioniert und korrekt beleuchtet etc.

Bei den **Behörden** gibt es aber wohl eine Anmerkung zu machen, auf die der Untersuchungsbericht aufmerksam macht: Danach hatte es bereits zwei Vorfälle dieser Art – auf demselben Flughafen – gegeben, und zwar in den Jahren 1998 und 1999. Danach hatte die BFU eine Sicherheitsempfehlung an die ICAO (Internationale Zivilluftorganisation) gegeben, die aber nicht in eine allgemeine Vorschrift für die Luftfahrt umgesetzt wurde. Darin hatte die BFU explizit gefordert, dass der ungenaue Haltepunkt präziser festgelegt wird (S.Bericht):

Damit wäre also dieser internationalen Behörde vorzuhalten, dass sie diesen Hinweis nicht in geeigneter Weise weitergegeben hat. Ob die Kollision mit dieser geänderten Vorschrift hätte vermieden werden können, sei aber dahingestellt.

Zuletzt gibt die BFU Hinweise zur Vorbeugung von möglichen Kollisionen mit ähnlicher Ursache (*„Prevention"*). Diese Empfehlungen gehen an die Controller und an die Piloten. Es handelt sich neben den spezifischen Hinweisen zur konkreten Unfallsituation auch um sehr allgemeine und unspezifische Ratschläge (*„Maintain situational Awareness"*).

Summa Summarum kann hieraus also gefolgert werden, dass <u>der Pilot des Airbus den Unfall hätte vermeiden können</u> (folglich ist sein Verhalten eine notwendige Ursache für den Unfall). Er hätte sicherstellen müssen, dass er ohne Kollision an dem wartenden Flugzeug vorbeikommt, vor allem auch deshalb, weil er Zweifel hatte.

Der ICAO ist vorzuhalten, dass sie das Regelwerk nicht angepasst hat, dies war jedoch kein notwendiger Fehler für diesen Unfall, natürlich erst recht auch kein hinreichender.

1.3 Bruchlandung und Brand einer Boeing 737 in Orange County, 1981

Um ein tadelloses Mitglied einer Schafherde sein zu können,
muss man vor allem ein Schaf sein[115]

Der Unfallbericht zu diesem Vorfall ist dem Buch von Charles Perrow entnommen.[116] Das folgende Geschehen spielte sich im Februar 1981 auf dem John Wayne Orange County Airport ab. Dieser Flughafen war – zumindest im Jahr 1980 – der nach Flugbewegungen viertgrößte Flughafen in den USA, und dies obwohl es sich um eine eher kleine Stadt in Kalifornien handelt, aber durch die sehr vielen Privatflugzeuge, gemischt mit Linienmaschinen, brachte er es jährlich auf über eine Million Starts und Landungen. Dies entspricht allein ca. 1.500 Starts täglich. Es ist hier besonders hervorzuheben, dass die vielen Privatflugzeuge auf besonders viele sehr reiche Bewohner in dieser Gegend zurückzuführen sind. Diese Klientel ist aber – im Gegensatz zu der Berufsluftfahrt – eher sorglos und neigt auch gerne gelegentlich zu eigenen Manövern, die teils gegen die Anweisungen der Lotsen durchgeführt werden (gern auch „Shortcuts", d.h. Abkürzungen, damit es schneller geht). Vor diesem Hintergrund spielte sich der nachfolgende Vorfall ab (Übersetzung durch mich):

Während des Nachmittags an einem klaren Tag im Februar 1981 hatte der Flugcontroller es nur mit 6 Flugzeugen zu tun, drei Boeings 737, einer Beech Baron, einer Bonanza und einer Cessna.[117] Es war aber nicht einfach, die langsamen Privatflugzeuge mit den schnellen Linienmaschinen zu koordinieren. Eine der 737-Maschinen, die zur Fluggesellschaft Air California gehörte, stand zur Landung an und eine andere, auch von Air California, stand zum Start an. Lassen Sie uns die erste „X" nennen und die zweite „Y". X hatte die Erlaubnis zum Landen und Y hatte die Erlaubnis zum Starten. Der Controller stellte dann fest, dass der Abstand zwischen X und Y zu gering war. So wies er X an, die Landung abzubrechen und einen „Go Around" anzusetzen und einen ganzen Kreis zu fliegen; und er wies gleichzeitig Y an, den Start abzubrechen und die Startbahn zu verlassen.[118] Y war relativ langsam mit ihrem Startabbruch, und X war relativ langsam mit ihrem Landeabbruch (laut dem Unfalluntersuchungsbericht des NTSB). X hatte schon das Fahrwerk ausgefahren und fuhr es wieder ein, um wieder zu steigen, konnte das Manöver aber nicht vollenden und entschied sich, doch zu landen. Dabei hatte er aber

---

[115] Albert Einstein.

[116] Perrow, S. 148 ff.

[117] Also drei Linienmaschinen und drei Privatmaschinen (General Aviation).

[118] Dies geschieht aus Sicherheitsgründen, weil X beim Durchstarten Probleme haben könnte und die Startbahn frei sein muss.

*das Fahrwerk noch nicht wieder richtig ausgefahren, so dass es bei der Lan-
dung zerbrach. Das hatte zur Folge, dass die beiden Triebwerke von den Flü-
geln abgerissen wurden, das Flugzeug schlitterte über die Landebahn, und
kam – passend – gerade 600 Fuß vor der Feuerwache zum Stehen, wo es in
Flammen aufging. Die Evakuierung war effizient und zügig.*

*Es gab bei diesem Unfall 4 Schwerverletzte und keine Toten. Nach der Eva-
kuierung wurde das Flugzeug durch zwei Explosionen vollkommen zerstört.*

Dieser knappe Tatsachenbericht der Ereignisse muss jetzt natürlich durch weitere Information
ergänzt werden, die schlussendlich erklären können, warum dieser Unfall passierte, und –
noch wichtiger – was man hätte anders machen müssen bzw. was man zukünftig besser machen sollte. Diese Analyse wird uns einen Einblick in das professionelle Leben eines Flugcon-
trollers, eines Piloten, sowie in Sachzwänge auf einem vielbeschäftigten Airport geben. Perrow merkt dazu noch maliziös an:

*„It is a good, though complicated, glimpse into a minute in a day in the life
of a controller and captain, which should make us grateful for every safe
landing in Orange County!" – in Kürze auf Deutsch: Ein Wunder, dass das
nicht öfter passiert!*

Im Untersuchungsbericht wurde der Controller von drei Gutachtern entlastet, obwohl er die
vorgeschriebene „Separation" von 6.000 Fuß zwischen X und Y auf bis zu 3.600 Fuß reduziert
hatte. Er bezog sich darauf, dass diese Vorschrift auf diesem Flughafen aufgrund des hohen
Verkehrsaufkommens praktisch nicht einzuhalten sei. Diese mangelnde Separation war nach
Ansicht der drei Gutachter aber nicht ursächlich (notwendig) für den Unfall. Ein vierter Gutachter hingegen gab dem Controller eine klare Mitverantwortung.

Nochmal zum Bericht von Perrow zu den Vorgängen, jetzt zur Rolle des Piloten von X, dem
abgestürzten Flugzeug:[119]

*Lassen Sie uns einen Blick auf den Piloten von X werfen, der sicher nicht frei
von Schuld ist, der aber auch mit einem unerwarteten Ereignis konfrontiert
war.[120] Zunächst hatte er eine Landegenehmigung erhalten, nach einer anderen 737 und nach einer kleinen Beech Bonanza. Er sah aber die Beechcraft
nicht und fragte deshalb den Controller (X' Nummer war 336):*

*„Orange County, hier ist 336, wir können unser vorfliegendes Flugzeug („se-
condary traffic") nicht sehen, können Sie uns sagen, wo sich dieses befindet?"*

---

[119] Perrow, S. 149. Eigene Übersetzung aus dem Englischen ins Deutsche.

[120] Hier haben wir das weiter oben beschriebene Phänomen, dass der Pilot in dieser besonderen Situation mit
diesem Ereignis nicht gerechnet hatte. Natürlich kannte er das Ereignis an sich, aber eben nicht in diesem Moment, er war nicht darauf gefasst.

Der Tower antwortete:

„Er wird wahrscheinlich irgendwo hinter Ihnen sein, ich habe ihn auf eine 360-Schleife geschickt, mal sehen, ob er das schafft".

Die Beechcraft sollte ursprünglich eine 360-Schleife drehen und dann vor X landen, setzte die Schleife aber zu weit an, so dass der Controller entschied, sie erst nach X landen zu lassen – anstatt wie ursprünglich vorgesehen vor ihr.[121]

In den nächsten Minuten ging der Pilot von X seine Checkliste für die Landung durch (Fahrwerk, Landeklappen ausfahren, Flaps auf 15 Grad, Mitteilung an die Kabinenbesatzung, Flaps auf 25 Grad usw.). Währenddessen sprach der Controller mit einem neuen Flugzeug, gab einer anderen 737 die Landegenehmigung, änderte die Position der Beechcraft so, dass sie hinter X landen sollte, gab einer Cessna eine Startgenehmigung für die zweite Startbahn und er gab Y (ca. drei Sek. später) die Genehmigung, auf dem Taxiway bis zur Startposition auf die Hauptlandebahn vorzufahren. Das klingt nach viel Aktivität, aber tatsächlich ist es für einen Controller normale Routine; in einer Minute können auf einem Flughafen viele Dinge geschehen. In den nächsten 20 Sekunden warnte er die zum Start rollende Cessna vor den Turbulenzen der davor startenden Y, bestätigte die Landung einer 737, die vor X gelandet war und forderte Y auf, sich mit dem Start zu beeilen, weil X schon im Endanflug war.

Zu diesem Zeitpunkt bestätigte der Pilot von Y, dass er X sah, weil sie vom Taxiway auf die Startbahn rollen sollte:

„In sight we're rolling" – "In Sicht wir rollen".

Aber an Bord von X sagte der Kapitän wenige Sekunden davor zu seinem Kopiloten:

„Das wird er nicht machen" (gemeint war die Einfahrt auf die Startbahn – im Sinne von: Das wird er doch wohl nicht tun! Oder: Das kann doch nicht wahr sein!).

Während die Situation zwischen der startbereiten Y und der landenden X immer kritischer wurde, war der Controller durch einen „Disziplinaufruf" an eine Cessna abgelenkt, die vorher seinen Anweisungen nicht gefolgt war.

Währenddessen bereitete sich X weiter auf die Landung vor, verringerte die Leistung auf „flight idle" und fuhr die Landeklappen auf 40% aus, um das Flugzeug abzubremsen. Als er Y immer noch auf der Startbahn in einer Entfernung von einer Dreiviertelmeile stehen sah, sagte er (zu seinem Kopiloten, nicht über Funk): „Come on", daraufhin gab der Kopilot einen Fluch von sich (nicht zitierfähig in einem offiziellen Bericht, zu diesem Zeitpunkt aber wahrscheinlich gleichwohl angebracht). Das war elf Sek. nach der Bemerkung „Er wird es nicht tun". Zwei Sekunden später sagte der Kopilot von X zu seinem Piloten: „Der hätte niemals eine

---

[121] Das war gemeint mit der teilweise – zu - laxen Einstellung der Freizeitpiloten...

Startgenehmigung bekommen dürfen." Zu diesem Zeitpunkt kehrte der Controller seine Aufmerksamkeit wieder X und Y zu und sah unmittelbar die Gefahr einer Kollision von X und Y. Er wies X an: „Go around 336 (X), go around". Der Kapitän hat daraufhin die Schieberegler der Triebwerke wieder nach vorne geschoben und den Kopiloten angewiesen, das Fahrwerk wieder einzufahren und die Landeklappen wieder von 40 auf 15 Grad einzufahren. Er sagte später aus, dass die Schieber zwar vorne waren, dass die Triebwerke aber nicht sofort hochliefen (es hätte sechs bis acht Sek. für jede Turbine gedauert, bis sie auf maximaler Leitung gewesen wären). Weitere drei Sekunden später fragte der Kapitän seinen Kopiloten, ob sie nicht doch mit der Landung fortfahren sollten und der Kopilot fragte daraufhin den Tower „Can we land, Tower?". Zu diesem Zeitpunkt sprach der Tower mit Y, um ihn anzuweisen, den Start abzubrechen. Als diese Unterhaltung beendet war, sagte der Controller zu X: „Air Call 336, please go around, Sir. Traffic is going to abort on the departure" – was heißen soll, dass Y den Start abgebrochen hatte.

Der Kapitän von X jedoch sah sich nun doch, aufgrund des fehlenden Auftriebs, gezwungen, zu landen, so dass er das Fahrwerk wieder ausfuhr, er sagte später aus, er hätte nicht genug Leistung, um das Flugzeug wieder zum Steigen zu bringen. Er verringerte die Leistung bei der Landung und dann brach das Fahrwerk.

Bei der nachträglichen Analyse stellte man fest, dass der Kapitän von X nach der ersten Aufforderung, durchzustarten (und es war eine klare und unmissverständliche Anweisung des Controllers), zunächst nur die Landeklappen getrimmt hatte und erst acht Sek. danach die Leistungsregler nach vorne geschoben hat (und er hätte weitere sechs bis acht Sek. warten müssen bis zur vollen Leistung). Die Untersuchungskommission stellte damit fest:

> *„The safety board believes that the captain was still committed to land at*
> *this time and did not add power for the go-around"*

Hier kann man feststellen, dass die Prädisposition des Kapitäns „Landen" war und er zu lange daran festgehalten hat. Er hat acht Sek. gebraucht (in diesem Fall natürlich eine Ewigkeit), um diese Prädisposition zu überwinden und das war in diesem Fall zu lang und hat den Unfall wesentlich (notwendig) verursacht.

Die (Mehrheit der) Untersuchungskommission hat weiterhin festgestellt, dass X im Landeanflug anfänglich zu schnell war und dann stärkere Bremsmanöver einleiten musste, um Y Zeit für den Start zu geben. Dieses Abbremsmanöver und die daraus resultierende geringe Fluggeschwindigkeit hätte ein Durchstarten dann aber tatsächlich erschwert. Deshalb gab die Kommission dem Piloten von X die Schuld an dem Unfall und nicht dem Controller, obwohl er die Abstände zu kurz angesetzt hatte. Es gab auch einen Gutachter, der die Schuld beim Controller sah und nicht beim Piloten. Hier kann man sehen, dass auch Fachleute zu unterschiedlichen Ergebnissen kommen – bei gleichem Informationsstand.

Zusammenfassend zu den Ursachen ist festzustellen:

Jeder hat hier einen Beitrag (jeweils natürlich in unterschiedlichem Maße) zur Entstehung des Unglücks geleistet:

1. Ein <u>Controller</u> verletzt eine Vorschrift zur Einhaltung gewisser Mindestabstände.

2. Zwei <u>Privatjets</u> haben durch ihr undiszipliniertes Verhalten die Aufmerksamkeit des Controllers gestört.

3. <u>Der Kapitän von X</u> war zu sehr auf „Landen" fixiert und hat dann beim Abbruch zu spät reagiert, er hat aber auch den Abbruchbefehl erst sehr spät empfangen.

4. <u>Der Kapitän von Y hat seinen Start „verbummelt"</u> (Grund im Untersuchungsbericht unklar).

5. <u>Der Kapitän von X</u> hat zu stark abgebremst, weil er gesehen hatte, dass Y zum Start bereit war. Wäre er allerdings schneller gewesen, hätte ihn dies in Kollisionsgefahr mit Y bringen können, auch beim Durchstarten.

6. Irgendwie ist <u>der Kapitän von X</u> gleichzeitig durchgestartet und gelandet, er hat sich nicht entscheiden können und beides falsch gemacht: Er ist falsch durchgestartet und falsch gelandet. Nach Ansicht von Perrow dürfen solche Fehler einem professionellen Piloten nicht unterlaufen.[122]

7. Nach Perrow ist auch <u>die Leitung des Flughafens Orange County</u> mitverantwortlich, da die sehr hohe Zahl von Privatflugzeugen, zusammen mit den Linienflugzeugen, eine viel zu unübersichtliche Situation schaffen. Dieser Umstand kann zu genau solchen brenzligen/kritischen Situationen führen, und diese werden billigend in Kauf genommen.

8. Letztlich ist auch <u>die Flugaufsichtsbehörde anzusprechen (NTSB)</u>, weil sie, so Perrow, es zulässt, dass *„ein solche komplexes und eng vernetztes Gebilde wie dieser überbelegte Flughafen von Orange County an der äußersten Grenze der Sicherheit"* arbeitet bzw. betrieben werden darf.

Noch einmal, und zusammenfassend: Es gibt eine Menge von Gründen und verschiedenste Verantwortliche, die Hauptschuld liegt hier aber ganz offensichtlich beim Piloten von X, der neben seinem Kopiloten die Kontrolle hatte. Nichtsdestotrotz gibt es eine Zahl weiterer Punkte, die dieses Fehlverhalten flankiert haben, die letztendlich jedoch nicht notwendigerweise zur Katastrophe geführt haben. Notwendig war hingegen das Verhalten des Piloten von X mit dem missglückten Durchstarte- / Landmanöver.

Die Analyse des Fehlers von Pilot X zeigt uns wieder einmal, dass die Fixierung (bzw. das „sich verlassen") auf ein bestimmtes Ziel – hier das Landen – die notwendige Reaktionsgeschwindigkeit im Gefahrenfall soweit herabsetzt, dass eine Katastrophe passieren kann. Für den

---

[122] Perrow: *„Such mistakes should not be made by airline captains – or ship captains or nuclear plant operators – and they almost never are. But such mistakes still can and will occur."*

Laien bleibt es indessen schwer verständlich, denn ein professioneller Pilot sollte eigentlich immer und ausnahmslos beim Landevorgang bereit sein, durchzustarten und durch eine Anweisung dazu nicht überrascht werden können. Aber wir „stecken auch in dem Menschen nicht drin": Vielleicht hat der Pilot von X für acht (in diesem Fall sehr langen) Sekunden geträumt (dann hätte allerdings der Kopilot agieren müssen), oder er war durch Gedanken an etwas Anderes für acht (wiederum zu langen) Sekunden abgelenkt (auch hier hätte der Kopilot reagieren müssen), wer weiß?

1.4 Notlandung auf dem Wasser nach Vogelschlag in New York, 2009

Fantasie ist wichtiger als Wissen,
denn Wissen ist begrenzt.[123]

Ein weltweit bekannt gewordenes Unglück ist die – letztendlich geglückte und glimpflich ver-
laufene - Landung einer Passagiermaschine auf dem Hudson River im Jahre 2009 – darüber ist
sogar ein erfolgreicher Kinofilm gedreht worden. Nun zu den Ereignissen dieses Tages, insbesondere wie es zu der Notlandung kam:[124]

*An einem sonnigen Januar Nachmittag im Jahr 2009 befanden sich 150
Passagiere an Bord des US Airways Flug 1549. Drei Minuten nach dem Start
vom Flughafen LaGuardia in New York geschah etwas vollkommen Unvor-
hergesehenes. Ein Schwarm Kanadagänse näherte sich in perfekter Forma-
tion. Auf einer Höhe von 850 Metern Höhe hörten Passagiere und Bordper-
sonal plötzlich mehrfaches Knallen. Die Gänse waren in die Turbine geraten.
Die Turbine eines Verkehrsjets kann zwar kleinere Vögel „verdauen", aber
keine Kanadagänse, die fünf Kilo und mehr wiegen. Wenn ein Vogel zu groß
ist, schaltet sich die Turbine ab, um nicht zu explodieren. Doch dieses Mal
war das Unwahrscheinliche geschehen: die Gänse waren nicht nur in eine,
sondern in beide Turbinen geflogen und hatten sie außer Gefecht gesetzt. Als
den Passagieren klar wurde, dass sie sich im Gleitflug auf den Erdboden zu
bewegten, wurde es still an Bord. Keine Panik, nur stumme Gebete. Kapitän
Chesley Sullenberger dazu :„Vogelkollision. Haben den Schub in beiden Turbinen verloren. Wir kehren nach La Guardia zurück".*

*Eine Landung kurz vor dem Flughafen hätte katastrophale Konsequenzen für
Passagiere, Besatzung und die Menschen in dem dortigen Wohnviertel gehabt. Der Kapitän und der Kopilot mussten eine kritische Entscheidung fällen.
Konnte das Flugzeug es tatsächlich bis la Guardia schaffen, oder mussten sie
etwas Riskanteres versuchen, etwa eine Notwasserlandung im Hudson River? Man sollte meinen, die Piloten hätten nun Geschwindigkeit, Wind, Höhe
und Entfernung gemessen und den Bordcomputer mit diesen Informationen
gefüttert. Doch sie hielten sich einfach an eine Faustregel:*

„Fixiere den Tower:
wenn der Tower in der Cockpitscheibe aufsteigt,
schaffst du es nicht"

---

[123] Albert Einstein

[124] Basierend auf eigenen Recherchen in diversen Quellen

Ermöglicht wurde dieses Wunder tatsächlich durch eine Kombination aus Teamarbeit, Checklisten und klugen Faustregeln.

In diesem Fall haben wir es nicht mit menschlichem Versagen zu tun, sondern im Gegenteil damit, dass alles richtig gemacht wurde und damit eine Katastrophe verhindert werden konnte. Wichtig in diesem Zusammenhang ist für uns aber ein wichtiger Punkt: Die Piloten haben eine Faustregel angewendet, die es ihnen ermöglicht hat, sehr schnell zu handeln, da die üblichen Prozeduren und Vorschriften in diesem Fall in die Katastrophe geführt hätten, weil die Zeit nicht gegeben war.

Die hier angewandte Faustregel als schnelle wirksame Maßnahme wird auch in anderen Bereichen als Methode angewendet. So ist in der Seefahrt bekannt, dass man sich auf einem Kollisionskurs mit einem anderen - bewegten oder auch unbewegten - Schiff befindet, wenn der Winkel zu diesem anderen Schiff bei eigener Fahrt konstant bleibt (wenn die „Peilung steht").[125] Da braucht man keine Kurse mehr abzustecken, um einen Kollisionsgefahr zu erkennen.

Hier noch ein weiteres Zitat zu einer optischen Faustregel aus dem Bereich des Sports:

Auch Baseballprofis verlassen sich auf diese Faustregel. Wenn der Ball hochgeschlagen wird, fixiert der Spieler den Ball, beginnt zu laufen und passt seine Laufgeschwindigkeit so an, dass der Blickwinkel konstant bleibt. Der Spieler muss die Flugbahn des Balles nicht berechnen. Um die richtige Parabel zu finden, müsste das Gehirn des Spielers Anfangsentfernung, Geschwindigkeit und Winkels des Balls schätzen, was nicht einfach wäre.

Die Blickheuristik löst das Problem, in dem sie den Spieler ohne entsprechende Berechnungen zum Landepunkt leitet. Das ist der Grund, warum die Spieler nicht genau wissen, wo der Ball landen wird, und bei der Verfolgung des Balls häufig gegen Wände und in die Zuschauer laufen. [126]

Die Notlandung auf dem Hudson zeigt uns, wie man durch richtiges und der Situation angepasstes Verhalten eine drohende Katastrophe verhindern kann. Der Crew ist das große Kompliment zu machen, dass sie sowohl bei der Entscheidung, auf dem Wasser zu landen, sowie deren erfolgreiche Durchführung, als auch bei der darauf folgenden Evakuierung alles richtig gemacht haben.

Die letztendlich verbleibende Frage ist, ob eine „Procedure" erarbeitet und eingeübt werden sollte, wie die Crew sich verhalten soll, wenn in der Abflugphase beide Triebwerke aufgrund eines Vogelschlags ausfallen (oder auch aus anderen Gründe natürlich – in diesem Fall war der Vogelschlag hinreichend, aber nicht notwendig, es sind auch andere, allerdings extrem unwahrscheinliche Gründe denkbar, die zum Ausfall beider Triebwerke führen können).

---

[125] Es muss hier aber erwähnt werden, dass ein Kollisionskurs mit einem unbewegten Schiff nur dann besteht, bzw. die Peilung nur dann steht, wenn sich das Schiff direkt voraus befindet – man also praktisch „hineinfährt".

[126] G. Gigenzer, S. 45.

1.5 Absturz einer Boeing 747 in Afghanistan, 2013

> *Ich bin mir nicht sicher mit welchen Waffen der dritte Weltkrieg ausgetragen wird,*
> *aber im vierten Weltkrieg werden sie mit Stöcken und Steinen kämpfen.*[127]

Bei dem Absturz einer Frachtmaschine vom Typ 747 Boeing in Afghanistan im Jahre 2013 wurden alle 7 Besatzungsmitglieder getötet und das Flugzeug wurde vollkommen zerstört.[128] Hier zunächst der zusammenfassende Bericht der amerikanischen Behörde NTSB (National Transportation Security Board) zu diesem Unfall. Wir werden im Weiteren auf den ausführlichen Bericht dieser Behörde auszugsweise zu sprechen kommen. Im Unterschied zu dem Deutschen Bundesamt für Fluguntersuchungen (BFU) ist diese amerikanische Behörde nicht auf die Luftfahrt beschränkt, sondern sie begutachtet auch Schifffahrtunfälle (s. hier in diesem Buch die Schiffskollision in der Chesapeake Bay), sowie Verkehrsunfälle wie z.B. der Tesla-Unfall bei „Autopilot". Ein weiterer Unterschied besteht darin, dass die NTSB auch die Ursachen untersucht und gegebenenfalls auch feststellt (die Deutsche BFU stellt lediglich die Fakten fest, s. Kollision auf dem Frankfurter Rhein-Main-Flughafen und den Bericht dazu aus dem Jahr 2019). Der folgende Bericht beinhaltet zum Schluss auch ein klares Statement zu den festgestellten Ursachen dieses Absturzes:

> *Probable Cause*
>
> *The NTSB determines that the probable cause of this accident was National Airlines' inadequate procedures for restraining special cargo loads, which resulted in the loadmaster's improper restraint of the cargo, which moved aft and damaged hydraulic systems Nos. 1 and 2 and horizontal stabilizer drive mechanism components, rendering the airplane uncontrollable. Contributing to the accident was the FAA's inadequate oversight of National Airlines' handling of special cargo load.*

Dieser Bericht der NTSB umfasst insgesamt 86 Seiten.[129] Hier findet man eine detaillierte Beschreibung der Vorgänge, Fotos, sowie Aufzeichnungen der Cockpit-Rekorder etc. Für uns und für das Thema Verursachung sind nur einige dieser Seiten von Interesse. Wir beginnen mit der „Executive Summary", die die wesentlichen Punkte des Berichts vorab zusammenfasst:

> *On April 29, 2013, about 1527 local time, a Boeing 747-400 BCF, N949CA, operated by National Air Cargo, Inc., dba National Airlines, crashed shortly after takeoff from Bagram Air Base, Bagram, Afghanistan. All seven crew-members—the captain, first officer, loadmaster, augmented captain and first officer, and two mechanics—died, and the airplane was destroyed from*

---

[127] Albert Einstein.

[128] Dieser Absturz wurde von einem vorbeifahrenden PKW zufällig mit einer Bordkamera aufgenommen und ist auf YouTube zu sehen: www.youtube.com / 7sUWC2jfjql. Es gibt dazu auch einen Simulationsfilm zu diesem Unfall, der ganz lehrreich ist – auch auf YouTube: www.youtube.com / 1MccVLAg6AY

[129] www.ntsb.com

impact forces and postcrash fire. The 14 Code of Federal Regulations Part 121 supplemental cargo flight, which was operated under a multimodal contract with the US Transportation Command, was destined for Dubai World Central - Al Maktoum International Airport, Dubai, United Arab Emirates.

The airplane's cargo included five mine-resistant ambush-protected (MRAP) vehicles secured onto pallets and shoring. Two vehicles were 12-ton MRAP all-terrain vehicles (M-ATVs) and three were 18-ton Cougars. The cargo represented the first time that National Airlines had attempted to transport five MRAP vehicles. These vehicles were considered a special cargo load because they could not be placed in unit load devices (ULDs) and restrained in the airplane using the locking capabilities of the airplane's main deck cargo handling system. Instead, the vehicles were secured to centerline-loaded floating pallets and restrained to the airplane's main deck using tie-down straps. During takeoff, the airplane immediately climbed steeply then descended in a manner consistent with an aerodynamic stall. The National Transportation Safety Board's (NTSB) investigation found strong evidence that at least one of the MRAP vehicles (the rear M-ATV) moved aft into the tail section of the airplane, damaging hydraulic systems and horizontal stabilizer components such that it was impossible for the flight crew to regain pitch control of the airplane.

The likely reason for the aft movement of the cargo was that it was not properly restrained. National Airlines' procedures in its cargo operations manual not only omitted required, safety-critical restraint information from the airplane manufacturer (Boeing) and the manufacturer of the main deck cargo handling system (Telair, which held a supplemental type certificate [STC] for the system) but also contained incorrect and unsafe methods for restraining cargo that cannot be contained in ULDs. The procedures did not correctly specify which components in the cargo system (such as available seat tracks) were available for use as tie-down attach points, did not define individual tie-down allowable loads, and did not describe the effect of measured strap angle on the capability of the attach fittings.

In addition to National Airlines' deficient procedures for restraining special cargo loads, the NTSB found several additional areas of safety concern:

- *Current Federal Aviation Administration (FAA) guidance for operators for restraining special cargo loads is inadequate. FAA Advisory Circular 120-85 contains guidance that conflicts with the safety requirements for using procedures based only on airplane manufacturer, STC-holder, or other FAA-approved data.*

- *Cargo handling personnel are not FAA-certificated; thus, there are no standardized procedures, training, and duty hour limitations and rest requirements for personnel who perform the safety-critical functions of loading and securing cargo. The accident loadmaster did not have adequate procedures for securing the special cargo load, and his training was provided by National Airlines, which had developed the inadequate procedures. He had also been on continuous duty for about 21 hours at the time of the accident.*

- *FAA inspectors who have oversight responsibilities for air carrier cargo handling operations do not have adequate training and guidance to ensure appropriate oversight of operators that transport special cargo loads. The inspectors assigned to National Airlines were unaware of the airline's deficient procedures. After the accident, the FAA initiated extensive and ongoing action, including improving inspector training, developing inspector job aids, and establishing a permanent cargo focus team to provide inspectors with direct technical validation of operator cargo procedures, documents, and support for technical decisions related to cargo.*

- *Nonresourced FAA surveillance items can be deferred without limitation. FAA inspectors were unable to perform any en route inspections of National Airlines' operations overseas because of State Department restrictions on inspector travel into Afghanistan. However, current FAA policy specifies no alternative inspector activities that could help mitigate risks for an operator until the surveillance tasks can be completed.*

The NTSB determines that the probable cause of this accident was National Airlines' inadequate procedures for restraining special cargo loads, which resulted in the loadmaster's improper restraint of the cargo, which moved aft and damaged hydraulic systems Nos. 1 and 2 and horizontal stabilizer drive mechanism components, rendering the airplane uncontrollable. Contributing to the accident was the FAA's inadequate oversight of National Airlines' handling of special cargo loads.

After the accident, the FAA, National Airlines, and the National Air Carrier Association (NACA) took numerous actions to enhance safety both at National Airlines and across the cargo industry. Many of these actions are ongoing and directly address operator procedures for, FAA oversight of, and industry knowledge about the proper restraint and aircraft limitation considerations for securing heavy vehicle special cargo loads. Boeing also revised some of its manuals and publications and participated in NACA outreach efforts.

In addition, as a result of this accident investigation, the NTSB issues six safety recommendations to the FAA. These safety recommendations address FAA guidance for operators that handle special cargo loads; certification, training, and duty hour limitations for personnel responsible for the loading, restraint, and documentation of special cargo loads on transport-category airplanes; and FAA inspector training, oversight, and surveillance responsibilities.

Der Leser wird sicher bei dem Durchlesen dieser Executive Summary des Unfalluntersuchungsberichts der amerikanischen Behörde schon festgestellt haben, dass die fliegende Crew offensichtlich keinen Fehler gemacht hat und somit zumindest von dieser Seite kein menschliches Versagen vorliegt. Die Untersuchung wird im weiteren Verlauf des NTSB-Untersuchungsberichts dies zum einen bestätigen und weiterhin zeigen, dass die eigentliche Ursache in der falschen Methode der Beladung des Flugzeugs zu finden ist. Zu untersuchen war weiterhin, ob die Lademannschaft Fehler begangen hat, oder ob die Ladevorschriften fehlerhaft waren, oder beides. Wie wir später sehen werden, war die Ladung (fünf schwere Armeelastwagen - zwischen 12 und 18 Tonnen Gewicht) des Flugzeugs, von dieser Besatzung und von dieser Fluggesellschaft zum ersten Mal zur Beförderung übergeben worden.

Der NTSA-Bericht geht jetzt alle möglichen Ursachen durch, die zu diesem Unfall geführt haben und arbeitet nach dem Prinzip der Ausschließung derjenigen Ursachen, die z.B. nicht in Frage kommen, hierzu zählt hier insbesondere die Crew, die quasi „freigesprochen" wird – da keine Ursachen im „Fliegen" der Maschine festzustellen waren. Hier geht es darum, zu untersuchen, ob die Crew bzw. der Kapitän die falsche Befestigung der Ladung vor dem Anflug hätte erkennen müssen[130] (Inaugenscheinnahme) – Unterstreichungen durch mich:

Flight Crew Responsibilities and Guidance Regarding Cargo

There was no specific checklist item in the National Airlines flight crew operating manual (FCOM) to verify the cargo load and security of the load on the main deck of the Boeing 747-400 before flight. According to the National Airlines Boeing 747-400 check airman who provided training to both accident pilots, there was no specific training or guidance provided to National Airlines pilots for operations conducted with MRAP vehicles loaded on the main deck of the Boeing 747-400. He said that there was no specific guidance for pilots on how to check the cargo during a walk around but that it was discussed as a technique during operating experience. The check airman said that pilots at National Airlines were not evaluated on the contents of the cargo operations manual. He stated that "the loadmasters have their job...there is very little interaction" between pilots and loadmasters. A Boeing 747-400 first officer stated that pilots at National Airlines "relied on the loadmasters 100% to make sure the load was done and secured properly."

Die Crew war dadurch vollkommen entlastet, dass sie sich nach den Regeln der National Airline „zu 100%" auf den Loadmaster verlassen sollte. Hier ist natürlich auch zu hinterfragen – es geht letztlich bei der Crew unmittelbar um ihr Leben – ob sie nicht gleichwohl zusätzlich hätte prüfen können, ob die neue Ladung, für die es keine Erfahrung aus der Vergangenheit

---

[130] Das Flugzeug war nicht auf diesem Flughafen beladen worden, in Bagram ist nur eine Betankung erfolgt. Während der Betankung wurde der Kapitän von einem anderen Mitglied der Mannschaft darauf aufmerksam gemacht, dass ein gerissener Haltegurt gefunden worden sei. Daraufhin führte die Cockpitbesatzung eine Diskussion darüber, ob bei der Landung in Bagram eventuell die Ladung verrutscht sein könnte. Weiterhin wurde diskutiert, ob die Ladung nicht noch zusätzlich befestigt werden sollte. Die Diskussion endete ergebnislos.

gab, weder für den Piloten noch für den Loadmaster, auch richtig festgemacht wurde, aber vorgeschrieben war es nicht.

In dem nachfolgenden Abschnitt des Untersuchungsberichts wird die Ladung an sich sowie der Prozess der Beladung analysiert, wobei wichtig ist, festzuhalten, dass diese spezifische Ladung zum ersten Mal überhaupt an Bord eines Flugzeugs der National Airlines zum Transport anstand:

Acceptance of Special Cargo Load and Previous Flight

The cargo that was loaded on board the accident airplane represented the first time that National Airlines had attempted to transport five MRAP vehicles. These vehicles, which were secured to pallets, were considered a special cargo load because they could not be restrained in the airplane using the locking capabilities of the airplane's main deck cargo handling system. The airline's safety department was not involved in the decision to begin carrying heavy vehicle special cargo loads. When interviewed by investigators, the National Airlines chief loadmaster described the operator's role as "you call, we haul" and stated that approval of the cargo was up to NAC, the cargo handling vendor that gave National Airlines the freight.

Although the airplane could accommodate the weight of the proposed cargo within its weight and balance envelope, the MRAP vehicles were considered TRC and, therefore, were subject to specific restraint requirements designed to protect the upper deck passenger compartment in the event of an emergency landing. However, when personnel from the NAC load planning department contacted the chief loadmaster to inquire whether precautions should be taken before confirming the cargo load of two M-ATVs and three Cougars, the chief loadmaster's response noted only weight and balance considerations. The National Airlines cargo operations manual, which was developed by the chief loadmaster, did not contain all of the required information from the Boeing and Telair weight and balance manuals and loading control documents. The NTSB concludes that, had the National Airlines chief loadmaster consulted the required manufacturers' weight and balance manuals, he could have determined that the intended load of five vehicles could not be properly secured in the airplane in accordance with the TRC safety requirements; at most, only one M-ATV could be transported.

However, the cargo was accepted, and the loadmaster ensured that it was loaded within the weight and balance envelope for the airplane. Under the supervision of the loadmaster, NAC personnel secured and shored the vehicles onto centerline-loaded floating pallets and restrained the cargo in the airplane with tie-down straps. The airplane successfully completed one flight with the cargo from Camp Bastion to Bagram (the flight that preceded the accident flight); however, discussions between flight crewmembers and the loadmaster that the CVR captured indicated that at least some of the cargo had moved, one strap had broken, and other straps had become loose during that flight. The FDR data for that flight indicated that no unusually excessive G loads were encountered.

Before the airplane departed on the accident flight, the flight crew discussed that the loadmaster was taking action to re-secure the cargo. The first officer mentioned that the loadmaster was "cinching them all down," and the captain said that he hoped that the loadmaster was adding more straps. Although some of the discussion was conducted in a joking manner, the comments indicated that the flight crewmembers were concerned that the cargo had moved and that they relied on the loadmaster to know how to correct the problem and ensure the safe restraint of the cargo. The NTSB concludes that, although the flight crewmembers and the loadmaster were aware that the cargo moved during the previous flight, they did not recognize that this indicated a serious problem with the cargo restraint methods.

Aus diesen Statements kann man klar erkennen, dass diese Ladung für die Fluggesellschaft, für den Loadmaster und für die Crew vollkommen unbekannt war und es ein wenig an – leider „Trial & Error" - erinnert, wie dann vorgegangen wurde. Weiterhin heißt es, dass dem Kapitän und seinem Kopiloten doch nicht so wohl war („*...the flight crew members were concerned that the cargo...*"), dass sie sich aber letztendlich auf den Loadmaster verlassen haben.

Hier muss erklärend hinzugefügt werden, dass die Ladung eines Frachtflugzeugs in der Regel in Containern untergebracht wird, die auf das Flugzeug zugeschnitten sind. Da braucht es dann keine eigene Sicherung der einzelnen Ladungskomponenten, da die Container selbst gesichert sind. Handelt es sich jedoch um ein Ladungsgut, dass nicht mehr in einem Standard-Ladecontainer untergebracht werden kann, dann wird z.B. ein Auto, ein Triebwerk usw. auf eine oder mehrere Paletten geladen. Hier handelte es sich um vier schwere, militärische Fahrzeuge („Cougars"), die geladen und transportiert werden sollten. Diese werden auf Paletten geladen, in den Laderaum gebracht und müssen dort gesichert werden. Dies geschieht mit Zurrgurten, die alle eine bekannte, maximale Zugkraft haben. Dementsprechend werden die Art und die Anzahl der Gurte für das spezifische Ladegut gewählt. Man muss sich dabei aber vor Augen führen, dass beim Fliegen enorme Kräfte in allen Richtungen wirken können, deshalb müssen die Zurrgurte diese Bewegungen in alle Richtungen verhindern können. Wenn man eine maximale Belastung von 10G (G = Erdbeschleunigung) annimmt, so erhöht sich das Gewicht der Ladung im Extremfall auf das Zehnfache. So wird aus einem Fahrzeug von zehn Tonnen im Ruhezustand ein „Geschoss" von 100 Tonnen – und das muss gehalten werden.

Jetzt kommt es zur Beschreibung der Vorgänge, die dann zu der Katastrophe geführt haben, die Unfallsequenz, in der es dann heißt:

Accident Sequence

Loss of Pitch Control

During the airplane's takeoff roll and rotation, its performance and motions were initially normal when compared with both FDR data from its previous takeoff and a baseline simulation that assumed an airplane with a similar load and configuration. Although the entire flight lasted about 30 seconds from liftoff to the time of impact, the airplane's FDR and CVR both stopped recording data within a few seconds after liftoff. The final 3 seconds of the airplane's FDR data, which ended when the airplane had climbed to about 33 ft, showed that the accident takeoff had begun to diverge from both the previous takeoff and the baseline simulation, climbing more steeply. Recorded video footage captured the airplane in a steep climb with a high pitch attitude before it reached its highest point, entered a roll to the right, then rapidly descended and struck the ground in a nose-down and nearly wings-level attitude. The airplane's steep pitch attitude and subsequent departure from controlled flight were consistent with an aerodynamic stall.

Evidence of Aft Movement of the Rear M-ATV

Debris found on the runway starting near the airplane's point of rotation included fragments of airplane skin, tubing from hydraulic system No. 2, fragments of the E8 rack, and part of a M-ATV antenna; all of the airplane debris came from structures that had been located aft of the loaded location of the rear M-ATV, and the installed location of the M-ATV's antenna was its rear, upper left corner. This runway debris evidence strongly suggests that, about the time of the airplane's rotation, the rear M-ATV moved aft, struck the E8 rack (which provides a shelf for the CVR and FDR), penetrated the APB, and damaged hydraulic system No. 2, the tubing for which passes through the APB on the airplane's lower left side. Given that fragments of hydraulic system No. 2 were found on the runway (and the other evidence of hydraulic system damage described below), it is likely that the puffs of white "smoke" that one witness reported seeing was misting hydraulic fluid.

Additional evidence found in the main wreckage further supports this scenario. Damage to the rear M-ATV's upper left side, including an orange paint transfer that appeared visually consistent with the orange paint on the FDR chassis, and the location of the paint on the M-ATV corresponded with the height of the mounted location of the FDR chassis on the E8 rack. A M-ATV tire imprint was found on a large, separated section of the APB. The lower left side of the APB near the main cargo deck floor was separated into at least three smaller sections (two were identified), and these smaller separated sections of the APB corresponded with areas where the tubing for hydraulic systems Nos. 1 and 2 pass through. (Although preimpact damage to hydraulic system No. 1 could not be determined from the wreckage evidence, information from the image study provided information about the status of the system, which is analyzed in section 2.2.3.) Sections of the APB's interior lining material from the right side of the airplane were found impinged in the M-ATV structure, consistent with the lining material having been in contact with the M-ATV structure at the time of the airplane's ground impact; that is, the damage was consistent with the M-ATV structure becoming crushed around the liner material during the ground impact sequence. All of this evidence suggests that the rear M-ATV moved aft through the APB before the airplane struck the ground. In addition, damage on the underside of the M-ATV's pallet, damage to the aft floor locks, and the premature cessation of the CVR and FDR (which are powered by separate alternating current buses and stopped recording almost simultaneously) further support the scenario that the rear M-ATV moved aft shortly after the airplane's rotation.

Damage observed on the horizontal stabilizer jackscrew assembly and support structure and the presence of tire marks on structure aft of the APB provide further evidence that the rear M-ATV moved aft until it struck these components (see figure 17). Also, the displacement of the M-ATV's tire 90° from its original position and the presence of tire marks on the green dorsal fairing support structure for the vertical stabilizer are consistent with the M-ATV having been located aft of its original loaded location when the airplane struck the ground; that is, the tire displacement and the tire mark evidence is consistent with the M-ATV having been positioned beneath the vertical stabilizer at the time of the airplane's ground impact, and the vertical stabilizer collapsed down onto the rear portion of the M-ATV at ground impact.

Zunächst wird festgestellt, dass der Flug insgesamt vom Start bis zum Aufprall auf den Boden nur 30 Sekunden dauerte, trotzdem waren zu Beginn des Fluges keine besonderen Veränderungen gegenüber sonstigen Flügen festgestellt worden. Der Absturz ist auf eine „Stall-Situation" zurückzuführen, bei dem sich das Flugzeug quasi senkrecht nach oben „schraubt", weil es der Crew nicht gelingt, es wieder in die normale Flugposition zurückzubringen. Dann reißt die Luftströmung ab, das Flugzeug gerät ins Trudeln und außer Kontrolle und stürzt anschließend ab.

Danach wird der Beweis erbracht, dass eine Rückwärtsbewegung des letzten geladenen Militärfahrzeugs ursächlich (notwendig) für den folgenden Absturz war. Anhand der untersuchten Trümmerteile konnte man feststellen, dass sich das letzte Fahrzeug – schon vor dem Start - nach hinten bewegt hatte (dafür werden mehrere Hinweise herangezogen) und insbesondere die Hydrauliksysteme beschädigt hat. Dies führte dazu, dass sich das Fahrwerk nicht mehr einfahren ließ und die Steuerung des Höhenleitwerks nicht mehr funktionierte. Hinzu kam eine massive Verschiebung des Schwerpunkts durch das sich nach hinten bewegende, schwere Fahrzeug. Dies alles zusammengenommen führte dann dazu, dass das Flugzeug praktisch manövrierunfähig war.[131]

Danach wendet sich der Report den einzelnen Ursachen zu, und adressiert die Verantwortlichen: es sind deren zwei, zum einen die Airline (National Airlines) mit zwei Punkten und zum anderen die Flugaufsichtsbehörde FAA (Federal Aviation Administration) mit drei Punkten.

- Bei der Fluggesellschaft wird bemängelt, dass es keine klar definierten Prozeduren und Trainings zum Festmachen von Speziallasten gab, und dass es weiterhin keine klar

---

[131] Was bei einem Schiff durchaus eine lösbare Thematik sein kann, wenn es sich nicht gerade in unmittelbarer Nähe der Küste bei Sturm befindet o. ä – bei einem Flugzeug führt es unmittelbar zur Katastrophe.

definierten Prozeduren oder Trainings für die Befestigung von Lasten gab, die auf Paletten positioniert waren.

- Bei der Flugaufsichtsbehörde wird bemängelt, dass sie es unterlassen hat, die Prozeduren der Fluggesellschaft zu prüfen, denn dann hätten sie die Defizite in den Prozeduren der Fluggesellschaft erkennen müssen. Es wird zweitens eine unklare Definition der Verantwortlichkeiten des Loadmasters bemängelt, was die FAA zu verantworten hat. Letztlich wird bemängelt, dass die FAA niemals „en route"-Inspektionen bei der Fluggesellschaft durchgeführt hat.

Und hier der Wortlaut des Berichts dazu:

National Airlines

Incorrect Procedures and Training for Restraining Special Cargo Loads

Before takeoff from Camp Bastion (the flight that preceded the accident flight), the National Airlines loadmaster directed NAC personnel to use 24 straps to secure each of the two M-ATVs and 26 straps to secure each of the three Cougars. This configuration was not in compliance with National Airlines' procedures (which would have indicated the use of 32 straps for each M-ATV and 46 for each Cougar); however, National Airlines' procedures did not incorporate the required safety-critical cargo-securing information from the airplane and the cargo handling system manufacturers' manuals.

Inadequate Procedures and Training for Verifying Pallet Build-Up

All cargo operations personnel involved in aircraft loading for National Airlines are required to use the procedures and instructions contained in the cargo operations manual and the forms and checklists in both the cargo operations manual and the general operations manual. The cargo operations manual stated that the airline must verify that vendors have a current copy of the manual and procedures for handling special or oversized loads; however, NAC personnel did not have a copy of the manual or access to an electronic copy. In addition, the NAC operations specialist who was in charge of the pallet build-up was provided no training and no specific procedures or manual to reference when building the pallets for the accident load and did not know the load capacity of a pallet. National Airlines' chief loadmaster, who was responsible for training ground operations vendors on National Airlines' procedures, did not know what guidance NAC had sent its loaders for the pallet build-up or loading of the MRAP vehicles.

Federal Aviation Administration Oversight

Inadequate Review of National Airlines' Procedures

As previously mentioned, National Airlines' cargo operations manual not only omitted critical information from the Boeing and Telair manuals about properly restraining special cargo loads but also contained information that conflicted with the manufacturers' FAA-approved information. Although the POI learned in early 2013 that National Airlines was carrying heavy loads on pallets, no FAA risk analysis was performed. The POI stated that "the manual seemed sufficient," and "if they were following their manual, there should not be an issue." However, as previously mentioned, the cargo operations manual was deficient.

Unclear Inspector Responsibility for Cargo Handling Personnel

The FAA stated that both operations and airworthiness inspectors had oversight responsibility for the duties related to the loading of aircraft. However, FAA Order 8900.1 outlines no specific guidance for either the POI or the PMI related to the duties or procedures of cargo handling personnel. The POI for National Airlines based his review of loadmasters on other carriers' best practices, and the PMI considered loadmasters as part of operations. The POI considered loadmasters as "an extension of the captain, being given the authority to load the airplane together."

Lack of En Route Inspections and Direct Surveillance

Under FAA Order 8900.1, the FAA is required to perform cockpit en route inspections on National Airlines' operations. However, the POI had attempted to conduct en route inspections of National Airlines' Boeing 747-400 flights but could not because of the State Department restrictions on inspector travel into Afghanistan. Similarly, the PMI could not provide direct surveillance of mechanics overseas. As a result, FAA inspectors had never performed any en route cockpit inspections of National Airlines' Boeing 747-400 cargo flight operations and had not performed a ramp inspection since 2012 in Dubai.

Jetzt kommen wir zu den Schlüssen, zu den festgestellten Ursachen des Absturzes sowie der wahrscheinlichen Unfallursache:

Conclusions

Findings

Had the National Airlines chief loadmaster consulted the required manufacturers' weight and balance manuals, he could have determined that the intended load of five vehicles could not be properly secured in the airplane in accordance with the tall rigid cargo safety requirements; at most, only one mine-resistant ambush-protected all-terrain vehicle could be transported.

Although the flight crewmembers and the loadmaster were aware that the cargo moved during the previous flight, they did not recognize that this indicated a serious problem with the cargo restraint methods.

The airplane's loss of pitch control was the result of the improper restraint of the rear mine-resistant ambush-protected all-terrain vehicle, which allowed it to move aft through the aft pressure bulkhead and damage hydraulic systems Nos. 1 and 2 and horizontal stabilizer drive mechanism components to the extent that it was not possible for the flight crew to regain pitch control of the airplane.

There is no evidence that an explosive device or hostile acts were factors in this accident.

Although the loadmaster did not follow National Airlines' procedures for securing the special cargo load, the procedures were deficient to the extent that, if followed, they could not have enabled him to properly load and restrain a special cargo load in accordance with the manufacturer and supplemental type certificate holder requirements.

Although National Airlines provided the accident loadmaster with initial and recurrent training, this training was deficient to the extent that it could not have provided him the knowledge and skills necessary to properly load and restrain a special cargo load in accordance with the manufacturer and supplemental type certificate holder requirements.

The certification of personnel responsible for ensuring the proper loading, restraint, and documentation of special cargo loads, including requirements for their procedures, training, and duty time and hour limitations, would help ensure that these personnel properly perform their safety-critical duties.

The Federal Aviation Administration did not provide adequate oversight to ensure that the National Airlines cargo operations manual reflected the correct information and guidance from the airplane and cargo handling system manufacturers that specified how to safely secure the cargo.

The lack of clear guidance regarding Federal Aviation Administration inspector responsibility for the oversight of cargo handling personnel resulted in minimal oversight of these areas at National Airlines and enabled the persistence of critical safety deficiencies.

When circumstances such as Federal Aviation Administration inspector travel restrictions or resource shortfalls result in the repeated deferral of required surveillance tasks, an alternative method of risk reduction could help mitigate risks until the surveillance tasks can be completed.

Probable Cause

The National Transportation Safety Board determines that the probable cause of this accident was National Airlines' inadequate procedures for restraining special cargo loads, which resulted in the loadmaster's improper restraint of the cargo, which moved aft and damaged hydraulic systems Nos. 1 and 2 and horizontal stabilizer drive mechanism components, rendering the airplane uncontrollable. Contributing to the accident was the Federal Aviation Administration's inadequate oversight of National Airlines' handling of special cargo loads.

Zuletzt gibt der Untersuchungsbericht Empfehlungen für Verbesserungen, die man aus dem vorliegenden Fall herleiten kann:

Recommendations

To the Federal Aviation Administration:

Revise the guidance material in Advisory Circular (AC) 120-85, "Air Cargo Operations," chapter 201(a)(4), to specify that an operator should seek Federal Aviation Administration (FAA)-approved data for any planned method for restraining a special cargo load for which approved procedures do not already exist, and remove the language in the AC that states that procedures other than those based on FAA-approved data can be used. (A-15-13)

Create a certification for personnel responsible for the loading, restraint, and documentation of special cargo loads on transport-category airplanes, and ensure that the certification includes procedures; training; and duty hour limitations and rest requirements consistent with other safety-sensitive, certificated positions. (A-15-14)

Add a special emphasis item to Federal Aviation Administration (FAA) Order 1800.56O, "National Flight Standards Work Program Guidelines," for inspectors of 14 Code of Federal Regulations Part 121 cargo operators to review their manuals to ensure that the procedures, documents, and support in the areas of cargo loading, cargo restraint, and methods for securing cargo on transport-category airplanes are based on relevant FAA-approved data, with particular emphasis on restraint procedures for special cargo that is unable to be loaded via unit loading devices or bulk compartments. (A-15-15)

Include specific guidance in the Federal Aviation Administration inspector handbook that defines responsibilities for principal inspectors for the oversight of an operator's loading, restraint, and documentation of special cargo loads. (A-15-16)

Provide initial and recurrent training for all principal inspectors who have oversight responsibilities for air carrier cargo handling operations that specifically addresses operator cargo procedures, documents, restraint, and support for technical decisions related to special cargo loads. (A-15-17)

Implement temporary risk-reduction methods any time that required surveillance items for 14 Code of Federal Regulations Part 121 and 135 operators are deferred and establish appropriate limitations on surveillance deferrals. (A-15-18).

Damit beenden wir die Analyse der Flugunfälle und wenden uns nun der Seefahrt zu und zu den typischen Unfällen und Katastrophen in diesem Bereich zu.

2. Seefahrt

Das Leben ist wert, geliebt zu werden, sagt die Kunst, die schönste Verführerin;
das Leben ist wert, erkannt zu werden, sagt die Wissenschaft.[132]

2.1 Kollisionen diverser Art

Zwei Dinge sind unendlich,
das Universum und die menschliche Dummheit,
aber bei dem Universum bin ich mir noch nicht ganz sicher.[133]

Bei Schiffen handelt es sich, wie bei der Luftfahrt, um bewegliche Maschinen – hier allerdings nur in zwei Dimensionen und mit in der Regel geringerer Geschwindigkeit. Auch hier kommt es zu Zusammenstößen, entweder zwischen Schiffen, oder mit festen Hindernissen, oder auch zu „Abstürzen" (in diesem Fall Sinken genannt) eines Schiffes. Auch hier sind Menschen am Werk neben Vorschriften und Wetterlagen, und auch Zufälligkeiten.

Kollisionen stellen nur einen Teil der Seefahrtunfälle dar, neben beispielsweise Bränden, Explosionen oder Totalverlusten durch Sinken. Tatsächlich machen sie nur 10% aller Unfälle aus. Aber an ihnen zeigt sich sehr deutlich, wie die Kommunikation – oder auch die Nichtkommunikation – zweier Schiffsbesatzungen oder auch deren Fehleinschätzung der Situation eine

---

[132] Friedrich Nietzsche.

[133] Albert Einstein.

Kollision verursacht. Bei der Analyse der Kollisionen werden die Ursachen wie folgt benannt (Mehrfachnennungen möglich):[134]

1. 55,6%: Vorsätzliche Verletzungen der Regeln einer Schifffahrtsroute

2. 50,0%: Fehler in der Beurteilung der Situation

3. 46,5%: Umweltbedingungen

4. 31,3%: Schiffsdesign oder Gestaltung des Schifffahrtsweges

5. 30,0%: Zu späte Erkennung der (Kollisions-) Gefahr

6. 9,5%: Mehr als zwei Schiffe (dadurch Unübersichtlichkeit der Situation)

7. 8,0%: Mechanische Fehler (z.B. Maschinenausfall)

Es ist klar ersichtlich, dass die vom Menschen herrührenden Ursachen die wesentlichen sind (nämlich die Punkte 1,2 und 5).

Grundsätzlich kann zu Kollisionen auch festgestellt werden, dass man erwartet, dass zwei Schiffe, die sich auf Kollisionskurs befinden, dies erkennen. Für eine Reaktion zur Vermeidung der Kollision ist es jedoch zu dem Zeitpunkt des Bemerkens zu spät. Diese Situation tritt jedoch in der Realität eher selten ein (Unterstreichung durch mich):[135]

> *Die meisten Kollisionen, die ich untersucht habe, beruhen mehr darauf, dass die Schiffe sich zunächst <u>nicht auf einem Kollisionskurs befanden</u>, jedoch hat das eine oder das andere Schiff oder beide gemeinsam es geschafft, durch Kursänderung nach Wahrnehmung des anderen Schiffes, eine Kollision herbeizuführen. Eine Behörde, die sich mit der Sicherheit der Schiffahrt beschäftigte, die „Chamber of Shipping oft the United Kingdom", veröffentlichte eine Sammlung von 50 Unfällen in 1972 mit dazugehörigen Zeichnungen.[136]*

> *Unter den 20 Kollisionen in dieser Auflistung von Unfällen gibt es lediglich zwei, bei denen keines der beiden beteiligten Schiffe vor der Kollision ihren Kurs geändert haben.*

---

[134] Nach Gardenier John S

[135] Perrow, S. 208 ff.

[136] Beispiele dazu sind die Abbildungen 4a-d auf der folgenden Seite, dem Buch von Peerow entnommen

N
50
"X"
COURSE 258°
SPEED 14½ KTS.
51
52
53
51
52
53
50
1254
115°
210°
COURSE 065°
SPEED 15 KTS.
'Y'
FEET
600
0 1 2 3 4 5 6 7 8 9
CABLES
10

a)

N
21
22
23
23½
24
24½
25
26
27
26
25
24½
24
24½
25
23½
24
23
22
21
'Y'
'X'
SCALE IN CABLES
0 1 2 3 4 5 6 7 8 9 10

b)

N
VESSEL Y
COURSE 209°
9½ knots
21
24
27
02 30
33
36
39
42
45
49
52
55
02 58
55
52
49
45
42
39
36
33
02 30
27
24
21
2½ MILES
4½ MILES
FIRST RADAR CONTACT
DISTANCE 7 MILES
FIRST RADAR CONTACT
DISTANCE 11 MILES
VESSEL X
COURSE 020°
10 knots
SCALE IN MILES
1 0 1 2 3 4

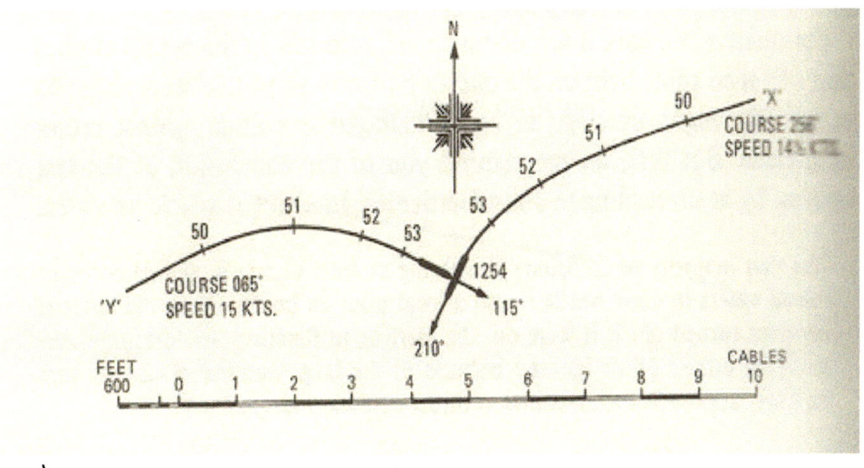

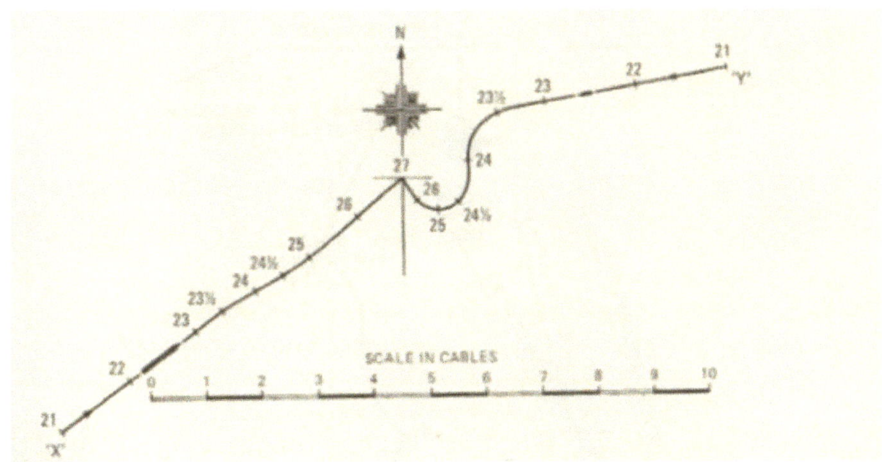

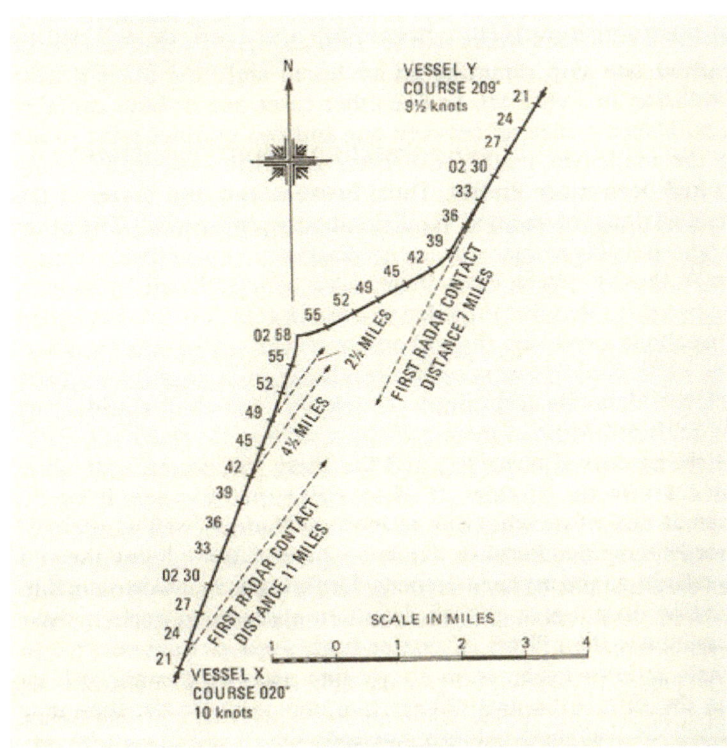

c)

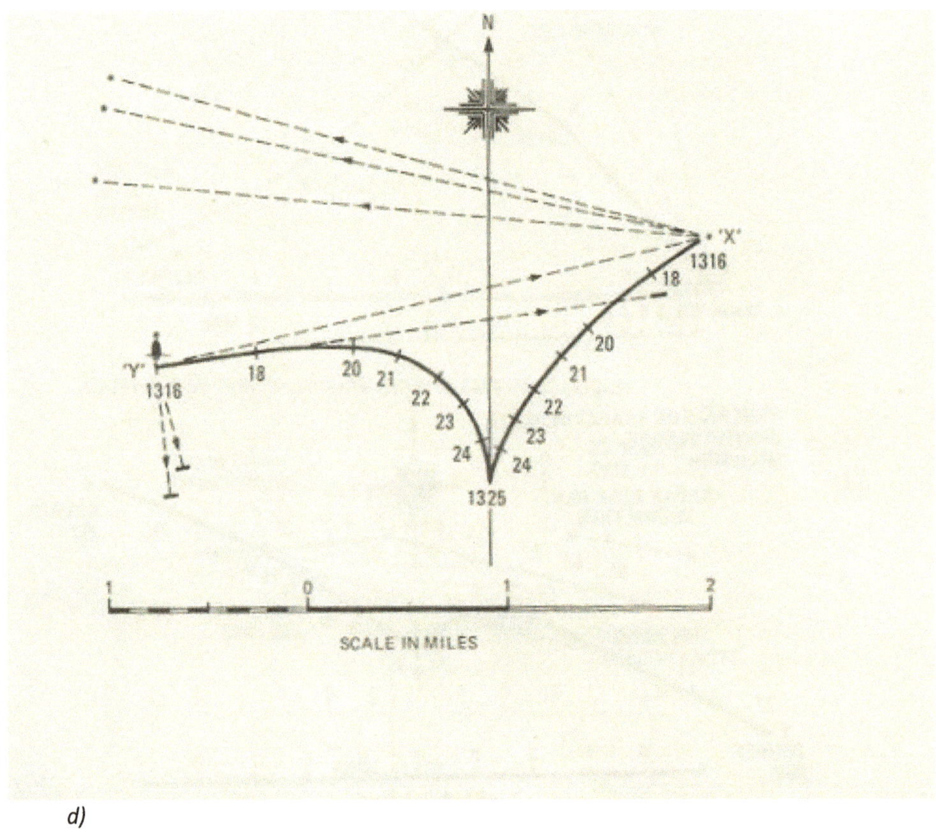

Abbildung 4 a-d: Kursverlauf der beteiligten Schiffe bei vier Kollisionsvorgängen (dem Buch von Charles Perrow entnommen)

Dies erinnert ein wenig an die „sich selbst erfüllende Prophezeiung", wenn Schiffe, die ursprünglich nicht zusammengestoßen wären, durch Kursänderungen zur Vermeidung einer Kollision dann tatsächlich zusammenstoßen. Man kann dies an den Zeichnungen in Abbildung 4a-d auch sehr gut nachvollziehen. Hier haben wir den Fall, dass Aktionen, die einen Unfall eigentlich verhindern sollen, diesen letztendlich verursachen.[137]

Es ist weiterhin hervorzuheben, dass die Reaktionszeiten der Schiffe z.T. sehr langsam sind und nur eine frühzeitige Reaktion einen Unfall vermeiden kann (in der Luftfahrt geht es schneller: Denken Sie an die Sekunden, die ein Triebwerk braucht, um vom Bedienen des Schiebereglers zur vollen Leistung hochzufahren). Auch hier verlassen wir unseren Mesokosmos, da

---

[137] Hier sei ein tragischer Fall aus dem Autoverkehr als weiteres Beispiel angeführt. Im Dezember 2018 ist ein PKW in der Nähe von Aachen mit vier jungen Leuten an Bord in dunkler Nacht unterwegs. Da der Fahrer viel zu schnell fuhr (vorgeschrieben waren hier 70 km/h) und weil er wusste, dass er gleich an einer festinstallierten Radaranlage zur Geschwindigkeitsmessung vorbeifahren würde, wechselte er auf die linke Spur, da dort keine Fühler in die Straße integriert waren, die die Radarfalle aktivieren konnten. Dies geschah in einer langgezogenen Rechtskurve, in der man den Gegenverkehr nicht einsehen konnte. In diesem Moment näherte sich in der Gegenrichtung ein anderer PKW mit drei Personen an Bord – eine Mutter mit ihren zwei minderjährigen Kindern. Beide Fahrer erkannten die Situation und konnten reagieren, und die Spur wechseln. Die Kollision entstand dann dadurch, dass beide zwar in diesem Moment richtig reagierten, allerdings tragischer Weise „gemeinsam falsch" und in Folge dessen kollidierten.
Was war geschehen? Der jugendliche Fahrer erkannt die Gefahr des Zusammenstoßes und lenkte sein Auto wieder auf seine eigene Spur nach rechts zurück, während die Mutter, die auch die Gefahr des Zusammenstoßes sah, reagierte, in dem sie dem entgegenkommenden Wagen ausweichen wollte und nach links auf die Gegenspur fuhr. Es wäre wahrscheinlich/vielleicht ? auch ohne diese Reaktion zu einer Kollision gekommen – aber die beiden, nicht abgestimmten Reaktionen, haben letztendlich zu der Kollision geführt. Bei diesem Unfall kamen fünf Menschen ums Leben.

unsere uns von der Evolution mitgegebenen Zeiträume für Aktion und Reaktionen nicht mehr gültig sind.

Weiter heißt es in dem Untersuchungsbericht von Gardinier:

> *Die große Mehrheit der Kollisionen kommt in nationalen Gewässern vor, bei klarem Wetter und mit einem ortserfahrenen Piloten / Schiffsführer. Oft ist das Radargerät noch nicht einmal eingeschaltet. Aber selbst wenn es angeschaltet wäre, würde die Alarmfunktion wegen des hochfrequenten Verkehrs ausgeschaltet sein, weil viele Schiffe in den engen Fahrwasserstrassen recht eng aneinander vorbeifahren müssen und damit jedes Mal den – in diesen Fällen auch tatsächlich nutzlosen - Kollisionsalarm auslösen würden.*

2.2 Kollision eines Coast Guard-Schiffs mit Frachter, Chesapeake Bay, 1978

> *Seit die Mathematiker über die Relativitätstheorie hergefallen sind, verstehe ich sie selbst nicht mehr.*[138]

Im Jahr 1978 stießen in der Chesapeake Bay in den USA zwei Schiffe in einer klaren Nacht bei Dunkelheit zusammen (man erkannte also nur die Lichter der Schiffe, diese aber klar). Perrow hat die Ereignisse in seinem Buch geschildert:

> *Auf einem der beiden Schiffe, einem Trainingsboot der Coast Guard mit Namen CUYAHOGA, sah der Kapitän ein anderes Schiff vorausfahren als ein kleines Signal auf seinem Radarschirm, in Sicht waren zwei Lichter, die anzeigten, dass es sich in gleicher Richtung bewegt, er vermutete ein Fischerboot. Der erste Offizier sah die Lichter auch, aber er sah drei Lichter und er vermutete (diesmal richtigerweise), dass das Schiff auf entgegengesetztem Kurs auf sie zukam. Weder musste er den Kapitän darüber unterrichten noch dachte er, dass es notwendig sei. Weil die Schiffe sich sehr schnell einander näherten, dachte der Kapitän, dass es sich um ein sehr langsam fahrendes Fischerboot handeln musste und so entschied er sich, es zu überholen.*[139]

Auch jetzt machte der erste Offizier keine Meldung an den Kapitän, obwohl er merkte, dass das Schiff auf Kollisionskurs war, denn er war der Meinung, dass der Kapitän richtig reagieren würde, weil er schon Aktionen eingeleitet hatte und offensichtlich die Kollisionsgefahr erkannt hatte. Was der erste Offizier allerdings nicht wusste, war, dass der Kapitän immer noch unter

---

[138] Albert Einstein.

[139] Perrow, S. 215 ff.

der falschen Annahme handelte, dass er das andere Schiff überholen würde, statt ihm entgegenzufahren. Da beide Schiffe mit hoher Geschwindigkeit unterwegs waren, kam es schnell zur Kollision. Das andere Schiff – kein kleines Fischerboot, sondern ein dreimal so großes Frachtschiff namens SANTA CRUZ II, hatte keinen Funkkontakt mit dem Coast Guard-Schiff, weil eine solche Begegnung in diesem Schifffahrtskanal für beide Routine war und normalerweise keine Absprachen erforderte.

In einem bestimmten Moment bemerkte der Kapitän der CUYAHOGA, dass er beim Überholen des vermeintlichen Fischerboots diesem die Möglichkeit nehmen würde, nach Backbord zu steuern, was er bald tun musste, um dem Schifffahrtsweg zu folgen – er dachte ja nach wie vor, dass das vermeintliche Fischerboot auf seinem Kurs parallel und in gleicher Richtung vor ihm unterwegs war (s. Bild 5). Er ordnete an, nach Backbord zu steuern. Dabei fuhr er aber dem entgegenkommenden Frachter direkt vor den Bug. Dieser erkannte die Situation zwar und gab zwei Warnsignale ab, stoppte die Maschinen und änderte den Kurs – aber all dies zu spät zur Vermeidung der Kollision, die den Tod von elf Menschen auf der CUYAHOGA zur Folge hatte.

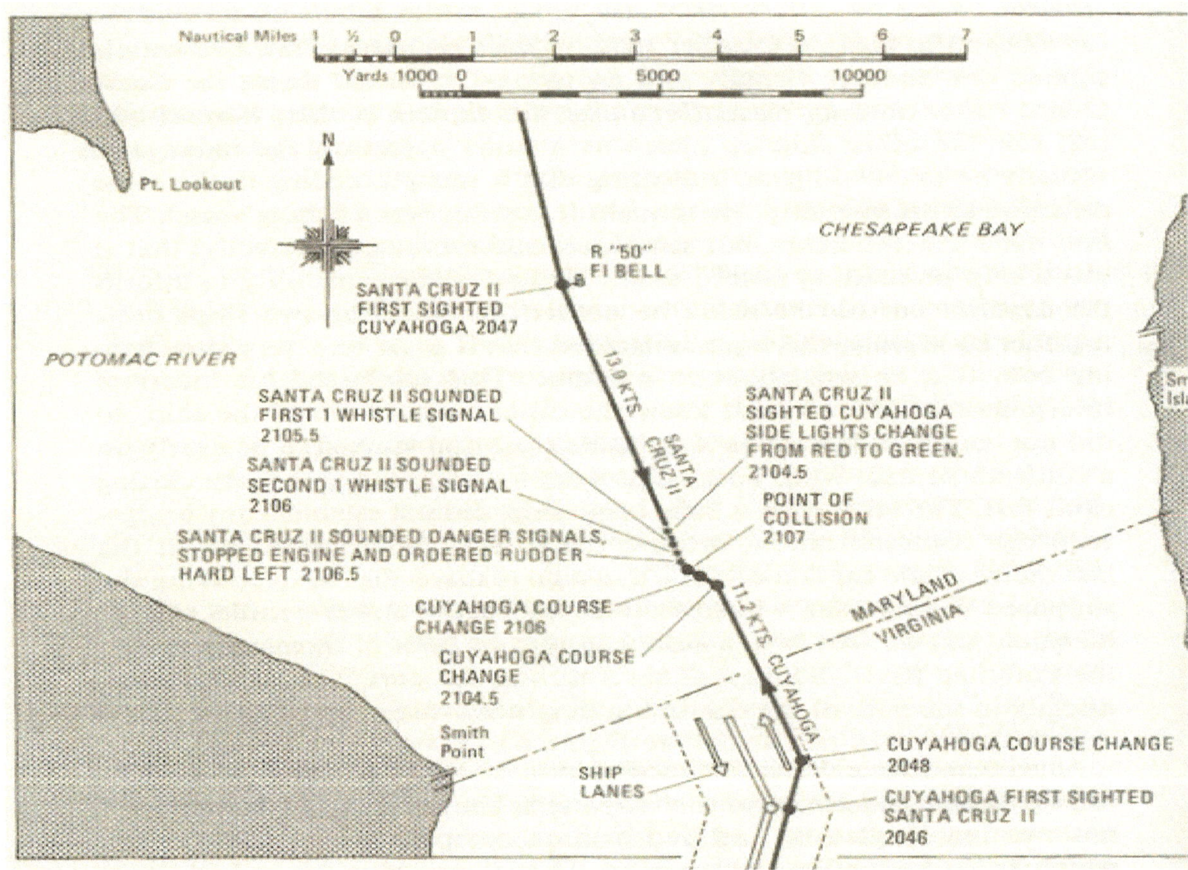

Abbildung 5: Skizze zur Bewegung der beiden an der Kollision beteiligten Schiffe bis zum Zusammenstoß mit Angabe der Aktivitäten.[140]

Auf dem in Bild 5 dargestellten skizzenhaften Verlauf der Kurse der beiden Schiffe vor dem Zusammenstoß kann man Folgendes nachvollziehen: Die CUYAHOGA kam von unten und wäre

---

[140] Perrow S. 216

ohne Manöver gut an dem entgegenkommenden Frachter SANTA CRUZ II vorbeigekommen. Man sieht deutlich, dass die Ruderlegung nach Backbord direkt in den Weg des entgegenkommenden Frachters führt. Auch die einzelnen Aktionen der SANTA CRUZ II sind in der Skizze aufgeführt, dazu gehören Schallsignale, sowie das Stoppen der Maschine. Interessant an dieser Stelle: Der Punkt, an dem auf der SANTA CRUZ II die beiden Positionslichter der CUYAHOGA von rot auf grün wechselten, war der Moment, wo der Kollisionskurs für die SANTA CRUZ II evident war. Ab dann gab sie zwei Warnsignale ab, stoppte die Maschine, änderte den Kurs aber nicht, und trotz der Warnungen kam es zum Zusammenstoß. Wenn man sich fragt, warum der Schiffsführer der SANTA CRUZ den Kurs nicht mehr geändert hat, so liest man in dem Bericht der Untersuchungskommission, dass dieser meinte, dass er Vorfahrt hat und dann muss man tatsächlich den Kurs auch beibehalten, allerdings muss der Schiffsführer, auch wenn er Vorfahrt hat und einen Zusammenstoß mit einem ausweichpflichtigen Schiff letztlich nicht mehr verhindern kann, das sogenannte „Manöver des letzten Augenblicks" durchführen mit einem Not-Ausweichmanöver. Das hat er hier jedoch nicht getan. Er hätte durch eine Kursänderung nach Backbord wahrscheinlich die Kollision verhindern können, das ist aber nicht eindeutig, wahrscheinlich war die Zeit, die der Frachter für eine Kursänderung im letzten Moment gebraucht hätte, zu lang, um wirklich ausweichen zu können. In dem Untersuchungsbericht wird zudem noch festgestellt, dass die SANTA CRUZ II tatsächlich keine Vorfahrt hatte, das spielt aber für die Entstehung der Katastrophe keine Rolle.

Wenn man sich jetzt die Vorgänge, die der Kollision vorangingen und sie letztendlich (mit)verursacht haben, noch einmal anschaut, so kann man Folgendes feststellen:

1. Die wesentliche Ursache der Kollision lag darin, dass <u>der Kapitän des Coast-Guard-Schiffes</u> auf der Basis einer Annahme agierte, die falsch war. Von dieser Annahme ausgehend hat er dann auch alles „richtig" gemacht. Er hat seine – falsche – Ausgangsannahme niemals hinterfragt, und er hatte auch keinen Anlass dazu. Auch sein erster Offizier hat ihn nicht auf seine falsche Annahme hingewiesen. Es ist auch während der Untersuchung festgestellt worden, dass der Kapitän eine Sehschwäche hatte, die dazu geführt haben mag, dass er nur zwei Lichter erkannte und nicht drei, wie sein erster Offizier.[141]

2. Weiterhin ist festzustellen, dass <u>der erste Offizier des Coast Guard Schiffes</u> von seinem Ausguck erkannt hat, dass es sich um ein größeres Schiff handelt, und vermutlich auch, dass es sich auf entgegenkommendem Kurs befand. Er war aber der Meinung, dass sein Kapitän dies auch gesehen und dabei die gleichen Schlüsse gezogen hätte wie er. Vielleicht wollte er sich gegenüber dem Kapitän nicht bevormundend zeigen und ihn auf etwas hinweisen, was er ohnehin schon wusste und den Kapitän und Vorgesetzten damit nicht verärgern. Selbst als er (der erste Offizier) merkte, dass der Kapitän kurz vor der Kollision agierte und den Kurs änderte, hat er ihn nicht informiert, weil er immer noch der Meinung war, dass der Kapitän von einem entgegenkommen Schiff ausging. Danach war es zu spät und auch dann hat er nicht reagiert. Ihm ist daraus aber kein Vorwurf zu machen.

---

[141] Dies war für die Falschannahme sehr bedeutsam, da ein kleines Schiff, insbesondere ein Segelschiff oder ein Kutter, nur zwei Lichter führen muss (ein grünes an Steuerbord – rechts, und ein rotes an Backbord – links), während ein größeres Schiff, insbesondere Motorschiffe, ein drittes weißes Licht, das Dampferlicht, führen müssen. Das hatte der erste Offizier zwar gesehen, der Kapitän aber nicht.

3. <u>Der Kapitän des entgegenkommenden Frachters</u> hat kurz vor der Kollision nicht wie für solche Fälle vorgeschrieben fünf einzelne Warntöne abgegeben (äußerstes Alarmsignal auf dem Wasser), sondern nur eine Art Warnton abgegeben, was bedeutet, dass eine Gefahr drohen könnte.

4. <u>Die Schifffahrtsbehörde</u> schließlich hätte vorschreiben müssen, dass bei Begegnungsverkehr auf engen Schifffahrtsrouten in jedem Fall Funkverkehr aufzunehmen ist – was hier nicht geschehen ist.

Also wieder unser Blumenstrauß an Ursachen, die in die Katastrophe geführt haben. Wenn man jetzt weiter analysiert, welche der hier dargelegten Ursachen für die Kollision notwendig waren, so kann man das nur von den Ursachen 1 und 2 behaupten: Wenn der Kapitän die Situation von vornherein richtig erkannt hätte (das Schiff kommt mir entgegen), wäre der Unfall nicht passiert und, wenn der erste Offizier den Kapitän über seine richtige Annahme informiert hätte, wäre der Unfall auch nicht passiert. Die beiden anderen Ursachen (3+4) sind hingegen nicht notwendig – und hinreichend natürlich auch nicht.

Auch waren die Ursachen 1 und 2 zwar jede für sich notwendig und alleine nicht hinreichend, zusammen aber hinreichend für den Unfall.

Wenn wir uns an das Kapitel mit Ursache / Wirkung und notwendig / hinreichend erinnern, so kann man festhalten, dass die Kollision hätte vermieden werden können, wenn nur eine der beiden notwendigen Bedingungen 1 oder 2 nicht gegolten hätte, das heißt hier konkret: Wenn

- <u>entweder</u> der Kapitän der CUYAHOGA die Ausgangssituation gleich richtig erkannt hätte, bzw. die falsche Annahme rechtzeitig erkannt hätte.

  <u>oder</u>

- wenn der erste Offizier ihn korrigierend unterrichtet hätte und der Kapitän damit seine Fehlannahme hätte korrigieren können.

3. Atomreaktoren

Viele sind hartnäckig in Bezug auf den einmal eingeschlagenen Weg,
weniger in Bezug auf das Ziel[142]

Die Geschichte der atomaren Spaltung beginnt mit der Entdeckung der Kernspaltung durch Otto Hahn in den Dreißigerjahren des letzten Jahrhunderts. Allerdings wurde die erste „praktische" Nutzung der Kernspaltung fatalerweise mit der Atombombe umgesetzt,[143] zunächst als Test in den USA in der ersten Hälfte der Vierzigerjahre, dann mit furchtbaren Folgen gleich zweimal, nämlich in Hiroshima und Nagasaki 1945. Dass zuerst die zerstörerische Kraft zur Anwendung kam liegt daran, dass die dabei entstehende Kernspaltung bewusst außer Kontrolle gerät, bzw. dass man nicht dafür sorgen muss, dass sie unter Kontrolle bleibt,[144] während die Nutzung der Kernkraft zur friedlichen Energieerzeugung sehr viel komplizierter ist, weil man hier diesen Prozess bewusst kontrollieren und gerade mit allen Mitteln verhindern muss, dass eine unkontrollierte Reaktion einsetzt.[145]

---

[142] Friedrich Nietzsche.

[143] Sozusagen als geplante Katastrophe.

[144] Higginbotham, S. 48: „*Am 6. August 1945 detonierte um 8 Uhr 16, 580 m über der japanischen Stadt Hiroshima, eine Atombombe, die 64 kg Uran enthielt, und Einsteins Gleichung erwies sich als erbarmungslos korrekt. Die Bombe selbst war äußerst ineffizient: nur 1 kg des Urans wurde gespalten, und nur 700 mg Masse – das Gewicht eines Schmetterlings – wurden in Energie umgewandelt. Dieses genügte jedoch, um innerhalb eines Sekundenbruchteils eine ganze Stadt auszulöschen. Etwa 78.000 Menschen starben sofort oder unmittelbar danach – verdampft, zerschmettert oder verbrannt in der Feuersbrunst, die der Druckwelle folgte. Bis zum Jahresende sollten weitere 25.000 Männer, Frauen und Kinder erkranken und sterben, weil sie der Strahlung ausgesetzt waren, die der erste Atomschlag der Welt freigesetzt hatte.*"

[145] Als eine sehr gute Einführung in das Thema Atomenergie und Historie, auch der Entdeckung der Kernspaltung sei auf das Buch von Manfred Kraft hingewiesen.

Das erste zivile Kernkraftwerk der Welt wurde 1954 im russischen Obninsk erfolgreich in Betrieb genommen. Es hatte eine elektrische Leistung von fünf MW. 1955 wurde in Calder Hall (England) ein Kernkraftwerk errichtet, das 1956 mit einer Leistung von 55 MW ans Netz ging und als erstes kommerzielles Kernkraftwerk der Welt bezeichnet wird.

Im April 2020 waren weltweit 442 Reaktorblöcke mit einer Gesamtleistung von 391 GW in Betrieb. Weitere 53 Reaktorblöcke mit einer Gesamtleistung von 56 GW befinden sich in Bau. Es hat in der Geschichte der Kernreaktoren schon eine Vielzahl von Störfällen gegeben, allerdings sind nur sehr wenige ernsthafte bis katastrophale Unfälle im Gedächtnis geblieben (sortiert nach Schwere nach der INES-Skala der Internationalen Atomenergiekommission – IAEO):

- Tschernobyl (RUS) 2007 (INES-Skala höchster Wert 7 = Super GAU)

- Fukushima (JAP) 2011 (7 = Super GAU)

- Harrisburg Three Mile Island (USA) 1979 (5 = Ernster Unfall)

- Sellafield / Windscale (UK) 1957 (5) und nochmals 2005 (3 = Ernster Störfall)

- Gundremmingen (D) 1977 (2 = Störfall)

Bei den Beispielen in diesem Buch werden wir uns auf die ersten drei der angeführten Störfälle / Unfälle zur Analyse der Ursachen und des menschlichen Versagens in diesen Fällen beschränken. Die Fehlerursachen können im Prinzip (pars pro toto) für alle anderen Störfälle gelten.

Der Unfall von Tschernobyl wird sehr viel ausführlicher dargelegt, weil hier alle Fehlertypen bei der Untersuchung der Ursachen festgestellt wurden, die sowohl die einzelnen Personen betreffen, die Organisation des Betriebes, sowie auch konzeptionelle Defizite der Anlagen – bis hin zu gesellschaftlichem / politischem Versagen der staatlichen Institutionen.

Grundsätzlich unterschiedlich sind die Unfälle und Störfälle in diesen Anlagen dadurch gegenüber Flugzeug- und Schiffskatastrophen, dass sie neben den lokalen Folgen von Explosionen, Bränden und radioaktiven Strahlen auch eine Fernwirkung haben, durch das Entweichen radioaktiver Materialien in die Atmosphäre. Diese Strahlungsschäden können von sehr langer Dauer sein und manche Gegenden permanent (nach menschlichen Maßstäben) unbewohnbar machen – beispielsweise die Region rund um Tschernobyl, bei der sich die Natur in den letzten 30 Jahren diesen Grund zurückerobert hat.

Vorab noch einige Informationen zum grundsätzlichen Verfahren bei den Atomkraftwerken (AKWs), bei denen zwar durchaus verschiedene Prinzipien angewandt werden, die aber in der kritischen Natur ihrer Verfahren ähnlich sind.

Wie oben bereits einleitend angemerkt, kommt es bei der friedlichen Nutzung der Kernkraft darauf an, den Prozess der Kernspaltung kontrollierbar zu machen.[146] Das Uranmetall, das als

---

[146] Bei der zweiten Variante der Atomwaffen, der Kernfusion, gibt es - noch - keine „zivile" Variante, weil es bis heute trotz intensivster Forschung und Entwicklung und hoher finanzieller Kraftakte nicht gelungen ist, den Prozess der Fusion so zu beherrschen, dass er kontrolliert als Energiequelle genutzt werden kann.

Brennstoff genutzt wird, wird in einen Reaktor eingebracht, dieses Uran wird kontrolliert zur Spaltung gebracht und die dabei entstehende Energie durch die Umwandlung von Masse in Wärmeenergie wird (wie bei konventionellen Kraftwerken) über Dampf und eine Turbine in elektrische Energie umgewandelt. Dabei werden ca. 30% der Energie schlussendlich in Strom umgewandelt (bei einer Bombe liegt der Grad der Umwandlung im Promille-Bereich – hier allerdings nicht in elektrische, sondern in Druckwellen oder Strahlungsenergie – bei der Neutronenbombe beispielsweise sogar ausschließlich in Strahlungsenergie).

Bei allen Atomkraftwerken ist diese Kühlung durch das Wasser, das die Wärme abtransportiert, nicht nur ein Nutzeffekt, es ist auch ein Mittel, um die Temperatur des Reaktors zu kontrollieren. Bei den heutigen Atomkraftwerken gibt es nicht die Gefahr einer nuklearen Explosion, da dies durch verschiedene Maßnahmen wirkungsvoll verhindert werden kann. Die Gefahr besteht hier in einer Kernschmelze, bei der der Reaktor durch die sehr große Hitzeentwicklung unwiederbringlich bei Temperaturen bis 5.000 Grad Celsius zerstört wird, und diese Schmelze auch den Schutzbehälter nach oben zerstört (Tschernobyl) oder/und unten in das Erdreich durchbricht.

Eine Vielzahl von radioaktiven Stoffen kann entweichen und die Umwelt verstrahlen.
Wie wir bei den Beispielen sehen werden, gibt es eine Vielzahl von Maßnahmen wie redundante Systeme, exzellent ausgebildete und für Störfälle trainierte Mitarbeiter und weitere Schutzmaßnahmen. Gleichwohl haben die Unfälle sich ereignet und die Ursachen dafür sind – wie wir sehen werden – in menschlichem Versagen, aber auch im Versagen von Organisationen zu suchen, die es z.B. nicht geschafft haben, Erkenntnisse eines Stör- oder Unfalls derart in Vorschriften oder Maßnahmen umzusetzen, dass weitere Vorfälle hätten verhindert werden können.

Seit der Nutzung der Atomenergie in Kraftwerken wurden immer wieder Risikopotenziale publiziert, die aber im Grunde genommen das Papier nicht wert waren, auf dem sie stehen. Hier sei als Beispiel eine Prognose aus der Zeit vor Tschernobyl und Fukushima erwähnt, die zum einen zeigt, wie weit der Zeitbereich dort gedehnt ist, und zum anderen, wie weit die Zeitbereiche außerhalb des Denkens des menschlichen Denkvermögens liegen (der sog. Rasmussen-Bericht aus dem Jahr 1976):

Die Studie behandelt die Eintrittswahrscheinlichkeiten und die Folge von Reaktorunfällen, die zum Schmelzen eines Teils oder des gesamten Reaktorkerns führen würde. Die Studie weist nach, dass ein Kernschmelzunfall sehr unterschiedliche Auswirkungen haben kann. Zahlreiche Kombinationen von Abläufen und ihre Eintrittswahrscheinlichkeiten werden analysiert. Die Auswirkungen wurden als Funktion der Menge der freigesetzten radioaktiven Produkte, der Wetterbedingungen und der Anzahl der strahlenexponierten Personen berechnet. Nach dem Ergebnis der Studie kann als Untergrenze des Risikos einmal in 20.000 Jahren pro Reaktor ein Kernschmelzunfall eintreten, der jedoch keine Toten und keine Verletzten, sondern lediglich einen Sachschaden von ca. 100.000 $ zur Folge hätte. Als Obergrenze des Risikos ist ein Unfall angegeben, der <u>einmal in 1 Milliarde Jahren</u> pro Reaktor auftreten kann, allerdings dann 3.300 Soforttote, 45.000 Verletzte, 45.000 zusätzliche Krebsfälle, verteilt über 30 Jahre, und einen Sachschaden von über 14

Milliarden $ verursachen würde (einschließlich der Kosten für radioaktiv ver-
schmutzte Bodenflächen). [147]

Diese Prognose aus dem Jahre 1976 ist durch die Unfälle von Tschernobyl und Fukushima vollkommen widerlegt, insbesondere die Prognose, dass ein Kernschmelzunfall der sehr ernsten Art nur einmal in einer Milliarde Jahre stattfinden wird. Man sieht an diesen Prognosen, dass sie wesentliche Risiken in der Tat nicht berücksichtigen und es eine „Rückwärtsermittlung" durch Ereignisse in der Vergangenheit nicht gegeben hat (bzw. nicht geben konnte, weil es bis dato keine Ergebnisse gab – denken Sie an die „Truthahnillusion", man war also vollkommen im Bereich des Spekulativen, hat dies aber nicht wahrhaben wollen) – ganz im Gegensatz zu Unfällen beispielsweise in Luft- oder Schifffahrt, wo es solche Daten aus der Vergangenheit gibt, die man relativ sicher zumindest statistisch auf die Zukunft projizieren kann.

Man darf auch nicht vergessen, dass die Ereignisse sich teilweise so schnell entwickeln, dass sie das Reich unseres Mesokosmos verlassen (ca. eine Sek. aufwärts im günstigsten Fall, wie wir oben gesehen haben). So haben sich die entscheidenden Prozesse in Tschernobyl innerhalb weniger Sekunden abgespielt, daran anschließend war keine „Heilung" mehr möglich. Sogar die Aufzeichnungsgeräte waren nicht in der Lage, die Ereignisse zeitlich und dimensionsmäßig korrekt zu protokollieren, weil bei der Konzeptionierung und Planung der Anlagen keine Ereignisse erwartet wurden, die derartig schnell solch massive Änderungen generieren würden.

---

[147] Kraft, S. 78.

3.1 Three Mile Island, 1979

Heute ist die Utopie vom Vormittag die Wirklichkeit vom Nachmittag.[148]

Im Kernkraftwerk von Three Mile Island ereignete sich am 28. März 1979 eine Kernschmelze – als ernster Unfall auf der INES-Skala eingeordnet. Bei diesem Unfall blieb das Gebäude des Reaktors intakt. Das hochaktive Material blieb im sog. „Containment" und es wurden nur geringe Mengen radioaktiver Strahlung freigesetzt. Hierzu stellt Eidemüller fest:

Dieser auch als Katastrophe von Harrisburg bekannte Reaktorunfall hätte unter Umständen aber auch gravierender verlaufen können, da die Betreibermannschaft aufgrund mangelnder Messinstrumente teilweise im Blindflug agieren musste. Der Unfall von Three Mile Island ist nicht nur einer der bedeutendsten Zwischenfälle der zivilen Nukleartechnik; er ist hervorragend untersucht und dokumentiert, weshalb er wichtig für das Verständnis und die Vermeidung von Kernschmelze ist, wie sie auch in Fukushima stattgefunden haben.[149]

Der Unfall selbst wird von Kraft folgendermaßen geschildert:

Der Unfall von Three Mile Island begann damit, dass sich um 4:36 Uhr ein Ventil zu den Hauptspeisepumpen des Sekundärkreislaufs schloss. Als Grund hierfür wird vermutet, dass fälschlicherweise ein Wasserschlauch an die Druckluftversorgung angeschlossen wurde, was für eine Fehlfunktion der Steuerung führte. Dass Wasser und Druckluftversorgung überhaupt dieselben Anschlüsse besaßen und darüber hinaus noch nicht markiert waren, wurde später als Konstruktionsfehler eingestuft. Durch das Schließen des Ventils schalteten sich die Hauptspeisepumpen sofort ab, als Folge davon fielen die Dampferzeuger aus, die den Reaktor kühlten. Der Reaktor wurde durch Einfahren der Steuerstäbe schnell abgeschaltet, um die Wärmeentwicklung zu reduzieren. Hierdurch endete die Kettenreaktion, die Nachzerfallswärme betrug aber noch gut 100 MW bei sinkender Tendenz. Jetzt sollte vorschriftsmäßig die Notierung anspringen, die Pumpen beginnen zu laufen, befördern jedoch kein Wasser. Knapp zwei Tage vor dem Unglück hatte man bei einem Test des Notfallsystems die entsprechenden Ventile geschlossen und anschließend vergessen, sie wieder zu öffnen.[150]

---

[148] Friedrich Nietzsche

[149] Eidemüller (2017), S. 115.

[150] Eidemüller (2017), S. 115.

Wir unterbrechen hier kurz die Chronik der Ereignisse und können erst einmal festhalten, dass wir hier schon zwei Fehler feststellen können: Einen organisatorischen (gleiche Anschlüsse für Wasser- und für Druckluft) und einen – wie wir zunächst vermuten - menschlichen Fehler, weil nach einem Test vergessen worden ist, die Ventile wieder zu öffnen. Zu diesem zweiten Vorgang stellt Perrow fest:

Die President's Commision hat bei der Untersuchung des Unfalls von Three Mile Island eine Menge Zeit damit verbracht, herauszufinden, wer dafür verantwortlich war, dass die Ventile geschlossen blieben. Sie kamen dabei zu keinem Ergebnis. Drei Operatoren bezeugten, dass es ihnen ein Mysterium war, warum die Ventile geschlossen worden waren, denn sie konnten sich daran erinnern, dass sie sie nach dem Test wieder geöffnet hatten. Sie erinnern sich vielleicht an ein ähnliches Problem, das sie manchmal zu Hause haben: Haben Sie die Tür des Kühlschranks geschlossen? Sie sind sicher, weil sie es vorher viele Male so gemacht haben. Die Operatoren bezeugten bei der Anhörung durch die Kommission, dass es bei vielen hunderten Ventilen in einer nuklearen Einrichtung nicht unüblich ist, einige von ihnen in der falschen Position zu finden.

Es gab zwei Anzeigen in der gigantischen Kontrollzentrale, die anzeigten, ob die Ventile offen oder geschlossen waren. Eine war durch ein Reparaturschild verdeckt. Zu diesem Zeitpunkt waren die Operatoren nicht auf irgendein Problem mit dem Kühlmittelkreislauf konzentriert und sahen keine Notwendigkeit, nachzuprüfen, ob diese Ventile, die immer offen waren, außer bei Tests, auch wirklich offen waren. Minuten später, als sie merkten, dass mit der Anlage etwas nicht in Ordnung war, entdeckten sie es. Zu diesem Zeitpunkt war der Schaden aber schon entstanden.[151]

Hier haben wir den Fall, dass eine Anzeige durchaus richtig die Position der Ventile angezeigt hat, und dass die Ventile geschlossen waren. Eine Anzeige war aber verdeckt, die andere war zwar sichtbar, man schenkte ihr aber keine Beachtung, weil man keine Störung vermerkte – in diesem Moment nicht empfänglich dafür war.

Jetzt weiter in der Chronik von Eidemüller:

Aufgrund fehlender Kühlung stiegen im Reaktor sowohl die Temperatur als auch der Druck innerhalb von Sekunden steil an, bis ein Überdruckventil aufging und den bis dahin nur leicht radioaktiv kontaminierten Wasserdampf des Primärkreislaufs zunächst in einen Tank entließ. Das Überdruckventil sollte nur wenige Sekunden offenbleiben und dann schließen, blockierte aber und blieb offen, was mangels einer entsprechenden Anzeige von der Betriebsmannschaft nicht bemerkt wurde. Hätte man hiervon Kenntnis gehabt,

---

[151] Perrow, S. 19. Eigene Übersetzung aus dem Englischen ins Deutsche.

wären leicht Gegenmaßnahmen möglich gewesen und der Störfall wäre ohne viel Aufhebens zu beenden gewesen. So aber floss das Wasser weiter in den Tank, bis der Druck dort so groß wurde, dass schließlich eine Drucksicherung aufbrach und das Kühlwasser in das Containment ablief. Acht Minuten bemerkten die Operatoren zwar die geschlossenen Ventile des Not Kühlsystems und öffneten sie, allerdings gingen sie wegen einer fehlenden Füllstandsanzeige im Primärkreislauf von falschen Kühlwassermengen im Reaktor aus, da dieser durch das blockierte, offenstehende Überdruckventil ständig Kühlwasser verlor.

Gut 2 Stunden nach Beginn des Störfalls, der nunmehr zum Unfall wurde, fielen die Brennstäbe im oberen Drittel trocken. Die Nachzerfallswärme ließ sie enorm aufheizen auf viele hundert °C. Es kam dadurch zu einer Reaktion der Zirkoniumhüllen mit Wasserdampf, durch diese Reaktion erhitzten sich die Brennstäbe weiter auf über 2000 °C, brachen auf und gaben ihren hochradioaktiven Inhalt frei. Dieser vermischte sich mit dem Kühlwasser und kontaminierte das Containment. Später würde man feststellen, dass die Brennstäbe zu über 30 % geschmolzen und zu gut 70 % schädigt waren.

Beim Brand der Zirkoniumhüllen entstand über 1 t Wasserstoff, der schließlich eine nicht allzu schwere Knallgasexplosion auslöste. Sie war glücklicherweise zu schwach, um die Integrität des Containments zu beschädigen. Einige Zeit gelang es den Operatoren, den Grund für den Störfall zu erahnen und geeignete Gegenmaßnahmen einzuleiten. Durch Wasserzufuhr in den Primärkreislauf wurde die Kernschmelze gestoppt. 16 Stunden nach Eintritt des Störfalls wurden die Pumpen des Primärkreislauf wieder in Gang gesetzt. Die Temperaturen stabilisierten sich. Es wurde radioaktives Gas in die Umgebung abgelassen, die Sicherheit der Operatoren und der Bevölkerung waren aber nicht akut gefährdet, da praktisch das gesamte radioaktive Inventar im Container mit eingeschlossen blieb. Dies war eine Bestätigung der westlichen Sicherheitsphilosophie mehrfacher Barrieren. Das Innere von Block 2 war weitgehend zerstört, die Dekontaminierungsarbeiten dauerten über ein Jahrzehnt und kosteten gut 1 Milliarde $. Der Rückbau ist noch nicht abgeschlossen und wird sich noch über viele Jahre hinziehen.[152]

Aus diesem Bericht über den Unfall kann man folgen, dass die Ursachen mehrfach waren und nicht in einer Kette von Ursachen aufgereiht sind:

- <u>Organisatorisches Versagen A</u>: Schlauchanschlüsse nicht korrekt.

- <u>Menschliches Versagen</u>: Ventile geschlossen statt offen nach einem Test, trotz Anzeige die Anzeige nicht beachtet.

---

[152] Eidemüller (2012) S. 115-116.

- <u>Organisatorisches Versagen B</u>: Für das Überdruckventil existierte keine Anzeige (dies war die wesentliche Ursache, da eine Anzeige die Beendigung des Störfalls ermöglicht hätte).

- <u>Organisatorisches Versagen C</u>: Fehlende Füllstandsanzeige im Primärkreislauf.

Hier kann man also festhalten, dass nicht nur die Zahl der organisatorischen Fehler überwiegt, sondern auch, dass diese tatsächlich auch die wesentlichen Ursachen waren und nicht das unmittelbare menschliche Versagen vor Ort. Aber es ist natürlich auch festzuhalten, dass sich hinter den organisatorischen Mängeln wiederum menschliche Ursachen verbergen.

Zu der Ursache des Fehlverhaltens der Operatoren sei darauf hingewiesen, dass es hier zu einer Nichtwahrnehmung der Anzeige gekommen ist, weil sie zum einen teilweise verdeckt war (was man hätte beheben können) und zum anderen war es so, dass die Operatoren zu diesem Zeitpunkt – noch - nicht in der Alarmsituation waren, in der sie eine solche Information aktiv eingeholt und die Anzeige abgelesen hätten. Zu der Routinesituation gehörte eben kein Ablesen der Anzeige und diese Routinesituation war im Gehirn „hinterlegt" und wurde befolgt. Hier kann als Abhilfe entweder eine Checkliste dienen, wie sie in der Luftfahrt (wie wir oben gesehen haben) üblich ist. Eine andere Möglichkeit ist ein spezifischer Alarm auf der Schalttafel, im Fall einer für die jeweilige Betriebssituation falschen Ventilstellung. Nur wenn eine dieser beiden Maßnahmen ergriffen wird, ist sichergestellt, dass die falsche Ventilstellung auch im Routinebetrieb in das Bewusstsein der Operatoren gelangt und unmittelbar zu entsprechenden Korrekturen führt.

3.2 Tschernobyl, 1986

Die Katastrophe, die sich 1986 in Tschernobyl ereignete und den gesamten Reaktorblock 4 zerstörte, ist die bisher größte Katastrophe dieser Art, weil sie unmittelbar zu sehr vielen Todesopfern geführt hat, weil Hunderttausende umgesiedelt werden mussten und weil sich die Auswirkungen in Form radioaktiver Verseuchung weltweit bemerkbar gemacht haben. Es wird im Weiteren im Detail noch berichtet, aber vorweg kann angemerkt werden, dass diese Katastrophe in einer vollkommen falschen Art und Weise von den Behörden behandelt wurde, so dass viele Menschen vollkommen ungeschützt in eine stark strahlende Umgebung geschickt wurden, die dadurch unmittelbar oder nur Wochen danach zu Tode gekommen sind: Die Bediener, die Feuerwehrleute, die Hubschrauberbesatzungen und viele weitere Hilfskräfte. Hinzu kommt eine für die damalige Sowjetunion – trotz der beginnenden Glasnost – typische Vertuschungs- und Geheimhaltungshaltung, die dazu geführt hat, dass andere betroffene Nationen nicht informiert wurden, und erst durch eigene Messungen von abnormaler Radioaktivität auf den Unfall aufmerksam wurden. Weiterhin hat die sowjetische Regierung eine wirkungsvolle Unterstützung von außen für die endgültige Beendigung des Störfalls verhindert und sogar die mögliche Heilung von schwer strahlengeschädigten Patienten durch ausländische Spezialisten unterbunden. Sehr eindrucksvoll und ausführlich in allen Dimensionen ist das alles im Buch „Mitternacht in Tschernobyl" von Adam Higginbotham geschildert, das hier zur Lektüre ausdrücklich empfohlen wird. In diesem sehr spannend zu lesenden Buch werden sehr detailreich alle Vorgänge vor, während und nach dem katastrophalen Störfall recherchiert und hinterleuchtet.

Zunächst kommen wir zum Ablauf der genauen Vorgänge in der Nacht vom 25. Auf den 26. April 1986, in der die Katastrophe begann (die Kernschmelze war tatsächlich nur der Start einer langen Katastrophe, die sich über Wochen und Monate danach noch hinziehen sollte). Zur Ausgangssituation vermerkt Eidemüller:

Das Kernkraftwerk Tschernobyl bestand aus vier großen Kernreaktoren vom sowjetischen RBMK-Typ mit je 1000 MW elektrische Leistung, die paarweise gebaut waren, so dass hier zwei Reaktoren sich Gebäude und Servicestrukturen teilten. Zwei weitere Reaktoren befanden sich im Bau. Das Kernkraftwerk Tschernobyl liegt in der heutigen Ukraine, drei Kilometer südlich der damals 50.000 Einwohner zählenden und heutigen Geisterstadt Pripjat und 20 km südlich der weißrussischen Grenze. Ein künstlicher Stausee am gleichnamigen Fluss Pripjat lieferte das Wasser zur Kühlung der Reaktoren. Der havarierte Block 4 des Kernkraftwerks war erst 1984 in Betrieb gegangen und unter anderem auch von westlichen Experten als sicher eingeschätzt worden, selbst wenn einige Besonderheiten des RBMK-Designs in westlichen

---

[153] Friedrich Nietzsche.

Der Unfall geschah nicht im Normalbetrieb, sondern paradoxerweise bei einem Test, der ei-gentlich zur Erhöhung der Reaktorsicherheit dienen sollte. Mit dem geplanten Test sollte ein totaler Stromausfall simuliert werden:

Hierzu weiter bei Eidemüller:

---

[154] Eidemüller (2012), S. 118.

[155] Nikolai Fomin war neben dem Kraftwerksdirektor und dem stellvertretenden Chefingenieur von einem Ge-richt als Mitverantwortlicher zu einer Haftstrafe verurteilt worden.

[156] Higginbotham, S. 115.

Hier haben wir schon – quasi vorab, und damit man es im Detail bei den weiteren Vorgängen auch nachvollziehen kann - die Ursachenkette:

1. Menschliches Versagen durch tatsächliches Nichtbeherrschen des Reaktors bzw. seines Betriebs, begründet auf Selbstüberschätzung der Bedienungsmannschaft,

2. Organisatorisches Versagen durch zu hohen Zeitdruck,

3. Menschliches Versagen beim – mehrfachen - außer Acht lassen von Sicherheitssystemen,

4. Organisatorisches Versagen bei der Konzeption des Reaktors an sich.

Diese Ursachen waren wohlverstanden für den Start der Katastrophe verantwortlich, im weiteren Geschehen kommen noch – wie wir sehen werden – viele weitere Fehler hinzu, z.B. bei den ersten Maßnahmen nach der Kernschmelze wie Lösch- oder Aufräumarbeiten, die auch noch viele Menschenleben gekostet haben.

Was weiter geschah in dieser Nacht:

In der Kontrollwarte 4 herrschte mittlerweile rührige Betriebsamkeit, neben Toptuinow und den beiden Operatoren an den Bedienpulten der Turbinen und Pumpen standen noch Männer der vorhergehenden Schicht herum, und auch Leute, die eigens gekommen waren, um bei dem Test zuzusehen.[158]

Die zeitliche Verzögerung, die es für die Durchführung des Versuchs, der schon am Vorabend mit der vorherigen Schicht stattfinden sollte, gab, war begründet in der Tatsache, dass der Strom aus dem Block 4 weiter im sowjetischen Netz gebraucht wurde und der Versuch eine deutliche Reduzierung der Leistung zur Folge haben würde. Erst nachdem die nationale Stromlastverteilung grünes Licht gegeben hatte, konnte der geplante Test beginnen.

(...) fuhren die Operatoren die Leistung des Reaktors langsam und kontrolliert herunter und hielten sie nun beständig auf 720 MW – etwas über dem für die Durchführung des Tests erforderlichen Minimum. Djatlow jedoch, der vermutlich glaubte, ein niedrigeres Leistungsniveau wäre sicherer, bestand hartnäckig darauf, dass der Test bei einem Leistungsniveau von 200 MW durchzuführen sei. Akimow (...) widersprach (...) und beide Männer stritten sich. Mit 200 MW, das wusste Akimow, würde der Reaktor gefährlich instabil und noch schwieriger zu handhaben sein als sonst. Außerdem schrieb das

---

[157] Eidemüller (2012) S. 118-119

[158] Higginbotham S. 111ff.

Hier wird dargelegt, wie von einem Protokoll oder von einer Vorschrift abgewichen wird, der
Grund für die Entscheidung ist unklar, bzw. er beruhte auf dem Glauben eines Vorgesetzten,
dass seine Meinung – abweichend von den Vorschriften – besser sei, als die hier in diesem Fall
anzuwendende Vorschrift.

Nun geht es weiter mit dem geplanten Herunterfahren des Reaktors:

*Bei der Steuerung der Kontrollstäbe zur weiteren Reduzierung der Reaktor-
leistung auf 25 % machte der zuständige Techniker einen Fehler, wodurch
die Reaktorleistung sehr viel stärker fiel als geplant und sich schließlich bei
nur 30 MW thermische Leistung einpegelte.*

*Dies ist <u>der einzige größere ungewollte Bedienfehler</u> bei der gesamten Kata-
strophe. Alle anderen Fehler waren bewusst eingegangene Umgehungen
von Sicherheitsrichtlinien und Verstöße gegen Betriebsvorschriften.*[160]

Dies ist hervorzuheben, da nur hier das menschliche Versagen als fahrlässig eingestuft werden
kann, weil der Bedienfehler ungewollt geschah – im Gegensatz zu den gewollten, vorsätzlichen
weiteren Fehlern (in diesem Wort steckt das Wort Vorsatz und damit die Bedeutung, dass bei
der Tat in vollem Bewusstsein gehandelt wurde). Gleichwohl handelt es sich nicht um ein vor-
sätzliches Handeln im forensischen Sinn, sondern es geschieht in dem Glauben, dass diese
Handlung zwar gegen die Vorschriften verstößt, aber trotzdem für die handelnde Person in
diesem Moment richtig ist. Die Person handelt also nicht in dem Glauben, dass diese Handlung
falsch ist oder einem ungesetzlichen Tun Vorschub leistet. Gleichwohl ist hervorzuheben, dass
die Herunterschaltung der Leistung auf 30MW eine notwendige Bedingung für die nachfolgende Kernschmelze war, im Kern war es der Auslöser der Kernschmelze.

*Durch die starke Leistungsreduktion und den längeren Betrieb bei reduzierter
Leistung hatte mittlerweile etwas stattgefunden, dass Experten als Xe-
nonvergiftung bezeichnen. Xenon-135 ist eines der vielen Spaltprodukte bei
der Kernspaltung: Es hat aber im Gegensatz zu den anderen Spaltprodukten
einen bedeutenden Einfluss auf die Dynamik der Kettenreaktion, weil es ein
sehr guter Neutronenabsorber ist. Bis zu 2 % aller Neutronen werden von
Xenon-135 im laufenden Reaktorbetrieb ungefähr zur Hälfte durch solchen
Neutroneneinfang umgewandelt, zur anderen Hälfte zerfällt es aufgrund seiner kurzen Halbwertszeit von nur neun Stunden. Bei einer schnellen*

---

[159] Higginbotham, S. 111

[160] Eidemüller (2012), S.120.

Leistungsreduktion erhöht sich die Konzentration von Xenon-135 im Reaktorkern, da es nicht mehr von Neutronen gespalten wird. Gleichzeitig wirkt es als starke Bremse auf die Kettenreaktion. Um die Leistung des Reaktors also trotz der hohen Xenon-Konzentration weiter zu erhöhen, mussten die ebenfalls neutronenabsorbierenden Steuerstäbe sehr weit herausgefahren werden. Die einzige Alternative wäre gewesen, einige Halbwertszeiten zu warten, bis das Xenon natürlich zerfallen wäre. Aufgrund des starken Abbrands vor einer Revision waren die Steuerstäbe ohnehin schon relativ weit ausgefahren.

Es gelang schließlich, den Reaktor wieder hoch zu fahren und <u>bei 7 % der Nominalleistung zu stabilisieren, was deutlich unterhalb der für den Test vorgesehenen 25 % lag</u>. Aufgrund der geringen Wärmeleistung mussten weitere Steuerstäbe vollständig herausgefahren werden. Hierzu wurde, um das Experiment trotz aller Schwierigkeiten doch noch durchführen zu können, die automatische Kontrollstabregelung ausgeschaltet, was ein weiterer Verstoß gegen fundamentale Sicherheitsrichtlinien war. <u>Mit weniger als 15 noch im Reaktor befindlichen Steuerstäben bewegte man sich außerhalb der Betriebsvorschriften, die mindestens das Doppelte als Sicherheitsminimum vorsahen.</u> Man operierte hier in einem gefährlichen instabilen Bereich, da der RBMK-Reaktortyp bei einem solch niedrigen Leistungsniveau und bei den gegebenen Parametern auf Leistungsänderungen sehr stark selbstverstärkend reagieren kann. <u>Laut Betriebsvorschriften durfte deshalb der Reaktor unterhalb von 20 % seiner Nominalleistung eigentlich überhaupt nicht betrieben werden</u>.

Um 1:23:04 des 26. April 1986 wurde dann das Experiment begonnen und die Dampfverbindung zu den Turbinen unterbrochen. Um das Experiment im Falle eines Versagens im ersten Durchlauf noch ein zweites Mal durchführen zu können, ohne dabei Zeit zu verlieren, <u>wurde die automatische Schutzabschaltung überbrückt, was ebenfalls eine Verletzung der Sicherheitsrichtlinien war</u>. Die weiteren Ereignisse geschahen nun zu schnell, als dass noch große Zeit für weitere Fehler gewesen wäre.

Um 1:23:31 Uhr wurde plötzlich eine unvorhergesehene Steigerung der Reaktorleistung beobachtet. Man versuchte erfolglos, sofort mit Hilfe der zwölf automatischen Steuerstäbe diesen Anstieg zu begrenzen. Die vielen Neutronen bauten das Xenon-135 verstärkt ab, wodurch die Kritikalität zunahm; denselben Effekt hatte die Bildung von Dampfblasen, wodurch das leicht Neutronen absorbierende Wasser ebenfalls abnimmt. Die Effekte verstärken sich gegenseitig. Wenige Sekunden später stieg die Leistung rasant an, weshalb der Schichtleiter um 1:23:40 Uhr manuell die Notabschaltung aktivierte. Da die meisten Steuerstäbe aber vollständig herausgefahren waren, dauerte das Wiedereinfahren zu lange. In dieser Zeit stieg die Neutronendichte im Reaktorkern bereits stark an. Da das untere Ende der Steuerstäbe nicht aus neutronenabsorbierendem Bor bestand, sondern ausgerechnet aus Graphit, könnte das gleichzeitige Einfahren der Steuerstäbe für einen kurzen Augenblick die Reaktivität des Reaktors sogar erhöht haben, weil die Steuerstäbe das leicht Neutronen absorbierende Wasser beim Eintauchen in den Reaktor verdrängten und stattdessen kurzzeitig selbst als reaktionsverstärkender Moderator wirkten.

Der Reaktor gerät nun in einen so genannten „prompt überkritischen Zustand", der (außer als kurzzeitig gepulster Zustand in speziell dafür vorgesehenen Forschungsreaktoren) im Reaktorbetrieb strengstens zu vermeiden ist. Die bei der Kernspaltung freiwerdenden Neutronen können nun ohne Mithilfe der verzögerten Neutronen allein eine selbstverstärkende Kettenreaktion auslösen, genau wie – wenn auch in einem sehr viel dramatischeren im Ausmaß und unter anderen Voraussetzungen – bei einer Atombombenexplosion. Bei Siedewasser- oder Druckwasserreaktoren[161] würde eine solche Leistungsexplosion sehr schnell durch massives Aufkochen des Wassers beendet werden, da dann der Moderator fehlt und die Neutronen nicht mehr gebremst werden, und folglich kaum noch Kernspaltung betreiben könnten; beim graphitmoderierten RBMK-Typ jedoch ist diese physikalische Notbremse nicht vorhanden.

Die Leistung im Reaktorkern von Block 4 schnellte jetzt innerhalb von Sekunden massiv nach oben und konnte durch die einfahrenden Steuerstäbe nicht mehr gebremst werden.[162] Um 1:23:43 Uhr übertraf die Reaktorleistung bereits die nominelle volle Last und explodierte dann exponentiell. Nur eine Sekunde später lag sie auf dem mehr als 100-fachen der Vollleistung! Hierbei wurde eine Energie frei, die ungefähr 50 Tonnen des Sprengstoffs TNT entspricht. Eine solche Wärmemenge konnte aber nicht mehr abgeführt werden, der Reaktorkern überhitzte sich enorm und verformte sich. Die Leistung brach kurzfristig wieder ein und erreichte eine zweite Spitze.

Um 1:23:48 Uhr zerstörten zwei schwere Explosionen das Reaktorgebäude. Sie sprengten den über 1000 t schweren Reaktorschild und das dünne, lediglich als Wetterschutz dienende Dach des Reaktorgebäudes weg und verteilten glühende radioaktive Fragmente des Reaktorkerns auf dem Dach des Reaktor- und Turbinengebäudes sowie in der gesamten Umgebung.

Über 30 Feuer brauchen aus. Druckröhren barsten, die Steuerstäbe blockierten, die Zirkonium-Ummantelung der Brennstäbe reagierte bei den enormen Temperaturen mit dem Wasserdampf, wodurch Wasserstoff entstand, der sich mit dem Luftsauerstoff zu explosivem Knallgas verband.[163]

Wenn man sich auf die entscheidenden Ereignisse beschränkt, die zur Katastrophe führten, so waren es genau 44 Sekunden vom Beginn des Experiments (von 1:23:04 Uhr bis 1:23:48 Uhr) bis zur Explosion des Reaktorgebäudes. Auch hier kann man genau die verschiedenen Fehler erkennen. Wenn man die gesamte Ereigniskette analysiert, die zuletzt zu der nicht mehr beherrschbaren und dann katastrophalen Leistungsexplosion (von 1:23:04 Uhr bis 1:23:48 Uhr)

---

[161] Dies sind die heute in der westlichen Hemisphäre eingesetzten Reaktortypen.

[162] Wie sich später herausgestellt hat, hat das Einfahren der Steuerstäbe zunächst sogar eine Zunahme der Kettenreaktionsgeschwindigkeit verursacht.

[163] Eidemüller (2012) S. 120 -122

geführt hat, so hat man eine Vielzahl von Ursachen zu berücksichtigen, die teils notwendig und teils nicht notwendig waren, insgesamt aber hinlänglich für das Eintreten der Katastrophe. Weiterhin wird man bei der Analyse die verschiedensten Arten von Fehlern feststellen, wie Organisationsversagen, Versagen der Kontrollinstitutionen und – last but not least – menschliches Versagen unmittelbar vor Ort.

Es ist wichtig, hervorzuheben,

- …dass die Bedienungsmannschaft bei dem Experiment, das eigentlich als unkritisch betrachtet wurde (obwohl klar war, dass dieser Reaktortyp bei Schwachlast zu unkontrollierbarem Verhalten neigt), mental nicht darauf eingestellt war, dass etwas passieren könnte – eine nicht notwendige Ursache.

- …dass bei dem Experiment die „Vorschicht" noch mit vielen Personen anwesend war, weil diese an dem Experiment interessiert waren, was auch dazu geführt hat, dass die aktive Schicht abgelenkt war – eine nicht notwendige Ursache.

- …dass die Steuerstäbe – gegen die Vorschriften – zu weit und in zu großer Zahl herausgefahren waren, weil die Bedienung sich das „Leben einfacher machen wollte" und nicht den sicheren Weg zur Leistungssteigerung gewählt hat – dies war eine notwendige Ursache: Mit genügend Steuerstäben im Reaktor wäre der Unfall nicht passiert.

- …dass die Bediener die Notabschaltung richtigerweise gestartet haben, dass dies aber aufgrund der Tatsache, dass die Stäbe zu lange brauchten, um in dem Reaktor entsprechend leistungsmindernd zu wirken, und weil die Stäbe unmittelbar beim Einfahren sogar den kurzfristigen umgekehrten Effekt der Leistungssteigerung zur Folge hatten, unzureichend war. Das Nichteinfahren war auch eine notwendige Ursache: Wären die Stäbe schnell genug eingefahren worden, wäre die Katastrophe verhindert worden.

- …dass die automatische Schutzabschaltung überbrückt worden war – aus Bequemlichkeit. Ob dies eine notwendige Ursache darstellt, kann den Informationen nicht entnommen werden. Die automatische Schnellabschaltung hätte bei den herausgefahrenen Steuerstäben wahrscheinlich auch nicht ausgereicht, um die Katastrophe zu verhindern.

Higginbotham stellt dazu insbesondere fest:

Alle an dem Bericht Beteiligten waren jetzt eigentlich der Meinung, dass die verhängnisvolle Leistungsexkursion, die den Reaktor zerstört hatte, mit dem Einfahren der Stäbe in den Kern begonnen hatte.[164]

---

[164] Weil beim Einfahren zunächst – wie oben dargestellt – zunächst der gegenteilige Effekt erreicht wurde: Durch eine bestimmte Gasreaktion im kritischen Reaktor kam es, statt zu einer Reduktion zu einer Verstärkung der Kettenreaktion.

„So fällt der Supergau in Tschernobyl in das Standardmuster der meisten katastrophalen Unfälle. Es beginnt mit einer Häufung kleinerer Regelverstöße. (...) Diese erzeugen einen Satz unerwünschte Eigenarten und Vorkommnisse, die für sich genommen nicht besonders gefährlich erscheinen. Am Ende gibt es dann noch einen auslösenden Faktor – in diesem speziellen Fall das eigenmächtige Handeln des Personals, dass die potentiell zerstörerischen und gefährlichen Eigenschaften des Reaktors zu Tage treten ließ.“

(...) erkannte, dass die Ursprünge des Unfalls sowohl bei denen lagen, die den Reaktor konzipiert hatten, als auch bei der obskuren, inzestuösen Bürokratie, die zugelassen hatte, dass sie in Betrieb genommen worden war.[165]

Die IAEO[166] stellt weiterhin in ihrem – allerdings erst viele Jahre später publizierten - Bericht fest:

Obwohl das IAEO-Gremium das Verhalten der Tschernobyl-Operatoren nach wie vor „in vieler Hinsicht.... unbefriedigend“ fand, räumte es doch ein, dass die primäre Ursache der schlimmsten Atomkatastrophe der Geschichte nicht etwa bei den Männern in der Kontrollwarte von Block vier zu suchen war, sondern im Konzept des RBMK-Reaktors selbst.[167]

Noch weiter - oder besser gesagt noch höher - in der Hierarchie, hier noch ein Ausschnitt aus einer Tonbandaufzeichnung von Walero Legassow, dem ersten stellvertretenden Direktor des staatlichen russischen Kurtschatow-Instituts:

Nachdem ich das Atomkraftwerk Tschernobyl besucht hatte, kam ich zu dem Schluss, dass der Unfall den Schlussakt des in Jahrhunderten entwickelten sowjetischen Wirtschaftssystems war. [168]

Damit haben wir hier in diesem Fall die klassische Steigerung auf allen Ebenen als Ursachen für solche katastrophalen Ereignisse:

- Die Mannschaft vor Ort mit einem oder auch mit mehreren unmittelbaren Fehlern, was wir gewöhnlich als menschliches Versagen definieren,

- die Organisationen, die Behörden oder sonstige Institutionen, die mit dem Thema befasst sind, und konzeptionelle Fehler aufweisen – die die entsprechenden Vorschriften nicht richtig erlassen haben bzw. deren Befolgung nicht sichergestellt haben. Es gab

---

[165] Higginbotham, S. 417.

[166] IAEO: Internationale Atomenergiekommission.

[167] Higginbotham, S. 419.

[168] Higginbotham, S. 394.

keinen konkreten und spezifischen Einsatzplan für die Ersthelfer, insbesondere nicht für die Feuerwehr, die diesen nuklearen Brand mit Wasser löschen wollte. Es gab keinen strukturierten oder nur annähernd sinnvolle Evakuierungspläne für die ortsnahe Bevölkerung - und schließlich,

- der Staat, der die Voraussetzungen für die versagende Organisation und damit für die Fehler, die die Menschen vor Ort begangen haben, geschaffen hat, weil man als Staat – in diesem Fall die Sowjetunion – z. B. nicht auf bewährte westliche Reaktormodelle zurückgegriffen hat, die wesentlich sicherer waren.

Im Grunde geht die Verantwortung hier „Top Down" – also von oben nach unten – für diese Katastrophe, sowie für deren unmittelbare und mittelbare Folgen.

Sehr interessant für diejenigen, die sich in diesem Zusammenhang für den Umgang des damaligen kommunistischen Regimes in der Sowjetunion und der DDR interessieren, ist ein Bericht des Bundesbeauftragten für Unterlagen des Staatssicherheitsdienstes der ehemaligen Deutschen Demokratischen Republik.[169]

---

[169] „Tschernobyl, der Super-GAU und die Stasi" – zu finden unter www.bstu.de

3.3 Fukushima, 2011

Jedes Wort ist ein Vorurteil.[170]

Die letzte große Katastrophe fand nach einem Tsunami im Kernkraftwerk Fukushima am 11. März 2011 statt, und zwar als Folge eines Erdbebens der Stärke 9,0 auf der Richterskala mit einer Dauer von ca. zwei Minuten. Es war sechsmal stärker als jedes vorher in Japan gemessene Erdbeben. Die Spezifikation des Kernkraftdesigns wurde damit um 25% überschritten. Dies bedeutet, dass man mit einem derart starken Tsunami als Folge des Bebens nicht gerechnet hatte. Das Epizentrum des Erdbebens lag ca. 130 km östlich der Küstenstadt Sendai, 20 – 30 km unterhalb des Meeresspiegels.

Zum Zeitpunkt des später als Nachwirkung eintreffenden Tsunamis waren alle Kernkraftwerke in der Region vorsorglich wegen des Erdbebens schnellabgeschaltet worden. Auch waren viele Infrastrukturen wie Stromleitungen, sowie das Stromnetz insgesamt, ausgefallen, und damit auch die Stromversorgung des Kernkraftwerks von Fukushima unterbrochen. Die beiden „Auffanglösungen" haben in dieser Reihenfolge versagt: Die dieselbetriebenen Notstromaggregate waren durch die Wucht des Tsunami nicht mehr funktionstüchtig, da sie schlecht gegen den Wassereinbruch durch den in seiner Intensität nicht vorhersehbaren Tsunami gesichert waren, und die batteriegespeiste Notstromversorgung war nicht für den Dauerbetrieb geeignet. Die eilends herangebrachten mobilen Stromversorgungen auf LKWs konnten wegen zu kurzer Kabel und mangelnder Infrastruktur nicht zum Einsatz kommen. Hier steht man also vor der Situation, dass die Hauptkühlung und drei eigentlich unabhängige Ersatz-Sicherheitssysteme versagt haben:

1. Die Hauptpumpen fielen wegen des Erdbebens bzw. wegen der unterbrochenen Stromversorgung, die eine unmittelbare Folge davon war, aus.

---

[170] Friedrich Nietzsche

2. Die Dieselgeneratoren zur Stromversorgung der Kühlpumpen als Ersatzmaßnahmen haben versagt, weil sie durch den Tsunami bedingt irreversibel außer Funktion geraten waren.

3. Die batteriebetriebenen Pumpen konnten nur kurzfristig die Arbeit der Hauptpumpen übernehmen und waren nicht in der Lage, auf Dauer die Pumpen in Betrieb zu halten. Hier hatte man nicht damit gerechnet, dass diese Anlage länger in Betrieb sein müssten.

4. Die letzte Option, variable Generatoren als mobile Einheit, haben auch nicht gefruchtet. Allerdings muss hier erwähnt werden, dass diese letzte Option eine spontane und keine systematisch geplante Maßnahme war, da man niemals mit dem Ausfall der davor liegenden drei Maßnahmen gerechnet hatte. Insofern ist zu erklären, dass z. B. die Kabel zu kurz für diesen Einsatz waren.

<u>Der Punkt 1</u> war bei der Planung berücksichtigt worden, weil es sich in Japan um eine erdbebengefährdete Region handelt und eine vollkommene Unterbrechung der – externen – Stromzuführung nicht ausgeschlossen werden kann. Hier ist folglich keine Fehlerursache zu sehen.

<u>Der Punkt 2</u> war zwar bei der Planung berücksichtigt worden, als man eine Mauer zur Seeseite hin gebaut hatte, um eine Tsunami-Welle aufzuhalten. Hier sind jedoch zwei Fehler zu vermuten: Zum einen hatte man die Reaktoranlage in einer Höhe installiert, die eine Überschwemmung nach Einbruch der Tsunami-Welle zur Folge hatte, und weiterhin hatte man die Höhe der die Anlage umfassende Mauer (aufgrund der bisherigen Erfahrungen mit Erdbeben in dieser Region und dem daraus eventuelle entstehenden Tsunami) zu niedrig angesetzt.

<u>Der Punkt 3</u>, die Dimensionierung der installierten Batteriekapazität, kann als Ursache nicht herhalten, selbst wenn rein technisch der Ausfall zumindest mitursächlich war (wie bei den Punkten 1 & 2). Aber die Vorraussetzungen für einen langfristigen Betrieb der Pumpen nicht zu schaffen, kann man nicht als Fehler bezeichnen, da dies einen gigantischen Aufwand dargestellt hätte, der nicht gerechtfertigt gewesen wäre, wenn in Punkt 2 die dieselbetriebenen Pumpen nach Ausfall der externen Stromversorgung funktioniert hätten.

<u>Der Punkt 4</u> wird oben besprochen.

Weiter kann hier nicht davon die Rede sein, dass durch einen oder mehrere Bediener ein oder mehrere Fehler gemacht worden seien, auch sind die Vorschriften zu den Prozessen beachtet worden und es gab in der Bedienung keine Außerachtlassung von bestehenden Verboten o.ä. Hier haben wir es mit einem Versagen der Konzeption bzw. der Behörden zu tun, sei es, weil man ein so starkes Erdbeben mit dem dazugehörenden Tsunami nicht mit in der Planung berücksichtig hatte oder sei es, weil man überhaupt eine Atomanlage dort installieren ließ.

Zusammenfassend kann man hier also feststellen, dass der verursachende Fehler in Punkt 2 zu sehen ist, also in einem Fehler bei der Planung oder Konzeptionierung des Kraftwerks in Fukushima: Zum einen in der zu niedrigen Positionierung der dieselgetriebenen Generatoren für die Speisung der Kühlmittelpumpen, und weiterhin in der zu niedrigen Mauer, die die Welle des Tsunami nicht aufhalten konnte.

NEMESIS:

In der griechischen Mythologie die Göttin des gerechten Zorns. Nemesis bestraft vor allem die menschliche Selbstüberschätzung.

V. Zusammenfassung und Empfehlungen

Man braucht im Leben nichts zu fürchten,
man muss es nur verstehen.
Jetzt ist es an der Zeit, mehr zu verstehen,
damit wir weniger fürchten.[171]

Nur ein Idiot glaubt, aus den eigenen Erfahrungen zu lernen. Ich ziehe es vor aus den Erfah-
rungen anderer zu lernen, um von vornherein eigene Fehler zu vermeiden.[172]

Time past and time future allow but
a little conciousness[173]

Nachdem wir in den vorhergehenden Abschnitten dieses Buches gesehen haben, wie sich Sinneseindrücke auf die Arbeit unseres Gehirns auswirken und wie wir Menschen auf solche äußeren Einflüsse reagieren – oder auch nicht reagieren - und wie sich daraus Fehlhandlungen erklären lassen, haben wir an konkreten Beispielen aus Luftfahrt, Schifffahrt und der Atomreaktortechnik gesehen, wie jeweils die Geschehen abgelaufen sind und wie die Ursachen dazu ermittelt wurden. Dabei sind wir auf unmittelbare – sozusagen „vor Ort" und in großer Nähe zu den weitere Ereignissen - Handlungen gestoßen, die zur Katastrophe geführt haben. Diese Handlungen werden heute im allgemeinen Sprachgebrauch als menschliches Versagen

---

[171] Marie Curie.

[172] Otto von Bismarck zugeschrieben.

[173] T. S. Eliot, *Burnt Norton*.

bezeichnet. Gleichwohl sind Handlungen, die sich weit vor dem Ereignis befinden, oft zu den Ursachen zu rechnen – diese werden aber in unserem allgemeinen Sprachgebrauch eher als Systemversagen bezeichnet, obwohl sie letztendlich auch wieder auf menschliches Versagen zurückgeführt werden können, weil beispielsweise ein Statiker bei der Berechnung eines Bauwerks einen Fehler gemacht hat, und das Bauwerk dann eingestürzt ist.[174]

Betrachtet man die verschiedenen Perspektiven, von denen aus man auf das menschliche Versagen blicken kann und die wir oben beleuchtet haben, und inwiefern hier Beiträge zum Verständnis des menschlichen Versagens erwartet werden können, so kann man die folgenden Antworten dazu geben. Die Reihenfolge der Nennung soll keinerlei Wertung präjudizieren:

- <u>Die Physik</u> hilft bei der Erfassung der realen und messbaren Vorgänge, die rund um ein solches Versagen geschehen. Die Ursache-Wirkung-Mechanismen werden beleuchtet, nachvollzogen und verstanden, insofern es den rein technischen (den physikalischen) Ablauf betrifft. Hier ist auch die klassische Physik absolut hinlänglich, da die hier betrachteten Vorgänge weder relativistisch im makroskopischen noch quantenmechanisch im mikroskopischen Sinn betrachtet werden müssen. Wir bewegen uns hier also voll und ganz in unserem ureigenen Mesokosmos.

- <u>Die Philosophie</u> hilft uns beim Nachvollziehen des Denkens der beteiligten Menschen jenseits der rein physiologischen Ebene. Sie baut die Brücke zwischen dem Materialismus und der geistigen Welt. Sie definiert weiter die Vernunft[175] oder die Ratio, die uns oft in kritischen Situationen hilft, einen Ausweg zu suchen und - hoffentlich - zu finden. Sie hilft uns, die Denkprozesse nachzuvollziehen, die zu bestimmten Aktionen bzw. Nichtaktionen führen.

- <u>Die Physiologie</u> erklärt uns, wie wir Menschen Informationen mit unseren Sinnen aufnehmen, wie unser Gehirn diese Informationen aufnimmt, verarbeitet und welche Aktionen darauffolgen. Dazu zählen auch die Reaktionsgeschwindigkeit und das Verständnis gewisser Mechanismen des Gehirns, uns bestimmte Dinge zu suggerieren oder auch zu verbergen – wobei sich hier helfend die Psychologie dazugesellt (s. weiter unten). Sie erklärt die individuelle Reaktion eines jeden Menschen vor dem Hintergrund seines persönlichen Erfahrungshintergrundes.

- <u>Die Psychologie</u> deutet die Vorgänge in uns, die nicht allein physiologisch erklärt werden können, deren Ursachen, teilweise sogar ausschließlich, in unserer Psyche liegen, und die uns dazu bringen, Dinge zu tun oder zu lassen – auch ohne äußere Reize. Sie erklärt uns weiter, warum wir Dinge – meist kurzzeitig - vergessen, die wir eigentlich

---

[174] Hier wäre auch die Katastrophe von Duisburg bei der Love Parade im Jahr 2010 zu benennen, über deren Ursachen derzeit lange Gerichtsverfahren im Gange sind. Wer hat hier versagt?
- Die Ordnungskräfte vor Ort, die die kritische Lage nicht erkannt haben und deshalb keine unmittelbaren Sperrungen veranlasst haben, oder
- der Veranstalter, der das Event ausgerichtet und durchgeführt hat, oder
- die Behörden, die im Vorfeld hätten eingreifen können, z.B. mithilfe strengerer Sicherheitsauflagen?

[175] Sie findet sich zum Beispiel bei Aristoteles als das rechte Maß oder bei Immanuel Kant als der kategorische Imperativ.

in unserem Gedächtnis haben. Sie erklärt uns, warum wir Dinge verdrängen und damit nicht wahrnehmen – oder verfälscht wahrnehmen.

- <u>Die Soziologie</u> schlussendlich hilft uns, die Rolle von Organisationen bzw. Menschengruppen außerhalb des Individualverhaltens zu verstehen, z.B. bei der Analyse von organisatorischem Versagen oder bei gruppendynamischen Prozessen.

Die Beispiele in den obigen Abschnitten aus den Bereichen Luft- und Seefahrt sowie aus der Welt der Atomkraftwerke zeigen die typischen Fehler, die entweder die Bediener, die Konstrukteure, die Erbauer oder auch die Kontrolleure dieser Geräte und Anlagen machen können. Sie zeigen uns aber auch Verhaltensweisen, die Katastrophen verhindern können bzw. Fehler in ihrer Wirkung wieder aufheben können. Gemein ist all diesen realen Beispielszenarien ein hoher Grad an Komplexität, der in der Regel trainierte Bediener erfordert und viel Erfahrung beim Bau oder Konstruktion der genutzten Geräte und Anlagen. Die notwendigen Verhaltensweisen für den Normalfall und für den Ausnahmefall sind immer sorgfältig zu erlernen und zu trainieren, sowohl um Routine zu gewinnen für den gewöhnlichen Betrieb, als auch, um eine auf vorherigen Erfahrungen beruhende, schnelle und richtige Reaktion im Ausnahmefall auszulösen. Unsere natürliche evolutionäre Grundausstattung, unsere Sinne und unsere alltäglichen Erfahrungen sind gerade wegen der Komplexität dieser Anlagen und wegen des dadurch verursachten Verlassens unseres Mesokosmos nicht dazu geeignet, ohne spezielle Trainings, Schulungen, Praktika etc., komplexe Anlagen sicher zu bedienen und – wenn ein Störfall eintritt - die Maßnahmen einzuleiten, die dann notwendig sind, um Unfälle und Katastrophen zu verhindern.

Die Physiologie und die Psychologie sind die Wissenschaftsdisziplinen, die uns helfen, zu verstehen, wie die menschlichen Entscheidungen zustande kommen, die – notwendig oder nicht, hinreichend oder nicht – geradewegs oder auf Umwegen oder nur in einer bestimmten Kombination in die Katastrophe führen.

Man muss sich auch vor Augen halten, dass die Menschen auch mit ihren technischen Errungenschaften ihren evolutionär vorgegebenen Mesokosmos verlassen haben, in etwa mit der Allegorie des Zauberlehrlings oder des aus der Flasche befreiten Geistes zu umschreiben.

Eine andere Folge unserer Technik ist, dass die Wirkung einer Aktion nicht mehr grundsätzlich geographisch oder zeitlich begrenzt ist, sondern in beiden Dimensionen nahezu unbegrenzt, wie man an der Atomenergie und an der Klimakatastrophe sehen kann. Ein einziger Druck auf z.B. eine Taste zum Start einer Atomrakete kann die ganze Welt irreversibel zerstören. In den Zeitperioden vor der industriellen Revolution waren die Aktionen der Menschen lokal – bestenfalls regional - und zeitlich begrenzt.[176]

Auch ist die „Entfernung" vom Problem durch unsere Technik gestiegen und dadurch ist das Gefühl der Verantwortung für das, was wir tun, geringer geworden weil dessen (unter Umständen schädliche) Wirkung sich erst später und vielleicht an einem anderen Ort zeigt –

---

[176] Wenigstens das Weltall ist vom Menschen noch „unbeeindruckt"... aber auch daran arbeiten wir.

sozusagen quasi „entkoppelt".[177] Vor der Neuzeit waren die Wirkungen des menschlichen Tuns wesentlich lokaler und damit auch begrenzt.

Hierzu merkt Wagner an:

> *Erst die kosmischen Kräfte, denen die Kernwissenschaft zum Einbruch in die Gesellschaft verhalf, haben das Dogma der Wert- und Verantwortungsfreiheit der Forschung endgültig erschüttert und das Problem der Forscherverantwortung für alle Zukunft zu einer Daseinsfrage gemacht.* [178]

Die Rolle der Forscher und der Naturwissenschaftler ist mit den technischen Neuerungen auch eine andere geworden. Hier ist die Verantwortung festzuhalten, die für dieses Tun der Forscher entsteht: [179]

> *Ist eine Zeit erst „reif" für eine epochale Entdeckung, dann wird diese von den Organen der Wissenschaft sogleich absorbiert, die Forschung verstrickt sich in Staat und Wirtschaft, und die Verantwortung teilt sich dermaßen, dass sie immer undurchsichtiger und unangreifbarer wird.* [180]

Interessant hier auch die Meinung von Edward Teller, dem Erfinder der Wasserstoffbombe. Für ihn bestand die Verantwortung eines Forschers nur darin, „Macht" zu schaffen und *neue* Atomwaffen (gemeint ist hier die Wasserstoffbombe[181] als Nachfolgerin der Spaltbombe) für seinen Staat zu entwickeln. Denn die Pflicht der Wissenschaftler und Techniker sei es, Werkzeuge für die Menschen zu entwickeln, und er geht davon aus, dass Waffen in einer Demokratie sozusagen a priori „richtig" verwendet werden. Weiterhin beschränkt Teller die Verantwortung des Forschers folgendermaßen:

> *Der Forscher sei nicht verantwortlich für die Naturgesetze, sein Geschäft sei, herauszufinden, wie diese Gesetze wirken und „Wege zu finden, diese Gesetze dem menschlichen Willen dienstbar zu machen".*

---

[177] In Anlehnung an den bekannten Sinnspruch „Die Toleranz wächst mit der Entfernung zum Problem" könnte man hier sagen: „Das Verantwortungsbewusstsein schwindet mit zunehmender Entfernung der Handlung von der Wirkung".

[178] Wagner, S. 175.

[179] Wagner, S. 184.

[180] Auch diejenigen, die etwas entdecken oder erfinden, was sich später (auch in Ambivalenz mit einer „guten" Wirkung) als schädlich oder in die Katastrophe führend erweist (z.B. die Kernspaltung) tragen eine Verantwortung, die gern wieder an die Gesellschaft zurückgegeben wird, die letztendlich darüber entscheidet, ob die negativen Wirkungen zum Tragen kommen oder nicht. Hier ist die unmittelbare Verantwortung im Sinne des „rauchenden Colts", der die unmittelbare Verantwortung beweist, nicht mehr gegeben.

[181] Die allerdings bis heute noch nicht in einer kriegerischen Auseinandersetzung eingesetzt wurde.

Vergessen hat Teller hier wohl, dass der Forscher auch dafür verantwortlich ist, dass dem Menschen durch die Ergebnisse seiner Forschung kein Schaden entstehen kann, was in der Praxis natürlich unmöglich ist, denn die obige Argumentation, dass eine Atombombe in einer Demokratie immer richtig verwendet werde (und damit implizit auch keine Schäden verursache) ist wirklich nicht haltbar: Zu oft schon hat es nach einer Demokratie Systemwechsel gegeben in Richtung autoritäre Systeme. Dann heißt es wieder: „Das habe ich nicht gewollt." Mit dieser neuen Verantwortung umzugehen gelingt mehr oder weniger gut.[182]

Auch ist wichtig festzuhalten, dass wir mit unseren Sinnesorganen so von der Evolution ausgerüstet sind, dass wir auf natürliche Ereignisse oder Parameter reagieren können, wie Temperatur, optische Signale usw. (unser Mesokosmos). Andere Mitbewohner dieser Erde, und zwar unsere „Mitwesen", die Tiere, haben eine andere Grundausstattung ihrer Sinne als wir, die sie vor den spezifischen Gefahren ihrer Umwelt schützen soll. So sollen Vögel beispielsweise erahnen können, dass ein Erdbeben unmittelbar bevorsteht. Klar ist, dass wir die spezifischen Sinne bis heute nicht verstehen, die ihnen dafür zur Verfügung stehen.

Aber unsere technischen Errungenschaften führen dazu, dass wir uns selbst – und natürlich alle Lebewesen dieser Erde - Gefahren ausgesetzt haben, für die wir keine Sinne haben.[183] So haben wir keinen Sinn für Radioaktivität (die in der Natur in sehr geringer und gefahrloser Konzentration vorkommt), so dass wir eine Gefahr nur durch entsprechende Messgeräte überhaupt erst erkennen können. Ohne diese Geräte sterben wir mit 100%iger Sicherheit, wenn wir mehr als eine gewisse Strahlungsmenge aufnehmen – ohne dass wir es gemerkt hätten.[184] Wir müssen also unseren Mesokosmos künstlich erweitern, um die neuen Gefahren erkennen zu können.

Weiterhin schaffen wir mit unseren technischen Produkten Zustände bzw. Produkte, die nicht nur uns, sondern viele Generationen nach uns noch intensiv beschäftigen werden, und vielleicht in späteren Generationen starke und auch irreversible Schäden anrichten. Hier seien beispielsweise nukleare Abfälle[185] oder die Klimakatstrophe erwähnt.

Ein interessanter Aspekt ist die Fehlerkultur, die sowohl positiv als auch negativ sein kann. Dazu heißt es bei Gigerenzer:

---

[182] Manche Wissenschaftler versteigen sich hier zu gewagten Hypothesen, hier z.B. A. H. Comptons Behauptung, die Kernenergie sei das größte Geschenk der Wissenschaft an die Menschheit, weil sie diese zwinge, „groß zu werden", das heißt: Entweder in ewigem Frieden zu leben oder unterzugehen.

[183] Oder für deren Messung unsere Sinne nicht empfindlich genug sind: So ist beispielsweise die technische Errungenschaft Fernrohr eine Erweiterung unserer Sehkraft, die uns helfen kann, eine mögliche Gefahr früher zu erkennen, als wir es mit dem bloßen Auge könnten.

[184] Siehe beispielsweise die Feuerwehrleute oder die Hubschrauberbesatzungen von Tschernobyl, die in hoher Zahl an der Strahlenkrankheit gestorben sind, weil sie beim Löschen oder beim Überflug die extrem starke radioaktive Strahlung nicht fühlen konnten.

[185] So ist es beispielsweise wichtig, dass ein Salzstock für hunderttausende von Jahren die radioaktiven Abfälle, die dort gelagert werden, auch von der Außenwelt abschirmen kann, bis die Radioaktivität bis auf einen ungefährlichen Restwert gesunken ist. Einhunderttausend Jahre bedeuten ca. 5.000 Generationen von Menschen.

*Berufe, Unternehmen und Gruppen von Individuen haben Fehlerkulturen.
Das eine Extrem bilden negative Fehlerkulturen. Menschen, die in einer solchen Kultur leben, haben Angst, Fehler zu begehen, gute oder schlechte, und
tun alles, um einen Fehler zu verbergen, sollte ihnen doch einer unterlaufen.
Eine solche Kultur hat wenig Aussichten, aus Fehlern zu lernen und neue
Chancen zu entdecken. Am anderen Ende des Spektrums gibt es die positiven
Fehlerkulturen, die Fehler transparent machen, zu guten Fehlern (Fehlern
ohne negative Auswirkung, aber mit „Lerneffekt") ermutigen und aus
schlechten Fehlern lernen, um eine sichere Lebenswelt zu schaffen.*[186]

Gigerenzer führt weiter zwei Berufsgruppen an, die die beiden Extreme vertreten: Die zivile
Luftfahrt und die Medizin, wobei die erste Gruppe eine positive und die zweite Gruppe eine
negative Fehlerkultur aufweist (nach seinem Dafürhalten). Zunächst sein Kommentar zu der
Luftfahrt:

*Die Lufthansa und andere internationale Fluggesellschaften zeichnen sich
durch eine weitgehend positive Fehlerkultur aus, was eine der Gründe dafür
ist, dass das Leben so sicher geworden ist. Statt eine Illusion der Gewissheit
zu liefern, gibt die Lufthansa offen Auskunft, wie hoch das Risiko eines Flug-
zeugabsturzes ist. Einmal bei 10 Millionen Flügen. Um diese extrem niedrige
Rate zu erzielen, bedarf es Sicherheitsregeln. Beispielsweise wird die Treib-
stoffmenge, die jedes Flugzeug mitführen muss, durch die folgende Regel bestimmt:*

*Die Mindestkraftstoffmenge, die bei jedem Flug mitgeführt werden muss,
besteht aus:*

- *Streckenkraftstoff (trip fuel), um den Bestimmungsort zu erreichen.*

- *Kraftstoff für unvorhergesehenen Mehrverbrauch (contingency fuel),
  zum Beispiel 5% des Streckenkraftstoffs, um Fehler bei der Berechnung des Streckenkraftstoffs, etwa infolge falscher Windvorhersage,
  auszugleichen.*

- *Ausweichkraftstoff (alternative fuel), um eine Schleife zu fliegen und
  einen anderen Flughafen anzusteuern.*

- *Endreserve (final reserve), um 30 Minuten über dem Ausweichflug-
  hafen kreisen zu können, und*

- *Extra-Kraftstoff (extra fuel) je nach Einschätzung der Besatzung, um
  auch für Ausnahmesituationen wie extreme Wetterverhältnisse ge-
  wappnet zu sein.*[187]

*Fehler werden von denen berichtet, die sie begangen haben, und von einer
Sondergruppe dokumentiert, die mit den Piloten spricht und die*

---

[186] Gigerenzer, S. 70

[187] Gigenrenzer, S. 70 + 71

Informationen an die ganze Gemeinschaft weitergibt. Das ermöglicht den Piloten, aus den Fehlern Anderer zu lernen.

Dann sein Kommentar zur Medizin, der er ja eine negative Fehlerkultur zuschreibt:

In Krankenhäusern gibt es nichts, was auch nur von fern an diese Maßnahmen erinnert. Die Fehlerkultur in der Medizin ist überwiegend negativ; Institutionalisierte Berichtssysteme zu kritischen Zwischenfällen sind selten. Angesichts drohender Schadenersatzprozesse ist die Medizin vorwiegend defensiv: Ärzte sehen Patienten als potentielle Kläger, und Fehler werden infolgedessen oft verheimlicht. Auf nationaler Ebene gibt es kaum systematische Auswertungen von Fehlern, anhand derer man lernen könnte – Wie in der Luftfahrt. Daher ist die Patientensicherheit in Krankenhäusern – anders als die Sicherheit der Passagiere in Flugzeugen – ein großes Problem. [188]

Die in Sachen Sicherheit führende Luftfahrt hat in den letzten 50 Jahren auch ein Verfahren eingeführt, dass – nach der Aussage des nachfolgenden Zitats – inzwischen die Fehler durch menschliches Versagen praktisch eliminiert haben soll, wobei man nur hoffen kann, dass dieser Optimismus gerechtfertigt ist: Das CRM (Crew Ressource Management), das Bedienungsmannschaften bzw. Crews durch Kommunikation, Führungsstil, Entscheidungsfindung, Stressbewältigung und Fehlermanagement optimal schulen soll. Das gilt auch für andere Bereiche außerhalb der Luftfahrt, ist aber leider noch kein Standard.

Bis zur Geburtsstunde des CRM wurden 80 % der Unfälle in der Verkehrsluftfahrt durch menschliches Versagen verursacht. Der schnelle technische Fortschritt in der Fliegerei verpuffte bis zur Einführung des CRM, denn die Flugsicherheit verbesserte sich nicht.

Nach dem Start der CRM-Forschung vor fast 50 Jahren war klar: die Ursachen für Flug-Unfälle waren nicht Fehler von Einzelnen, sondern die mangelnde Zusammenarbeit der gesamten Crew.

Schlechte Kommunikation, unzulängliches Führungsverhalten des Kapitäns, fehlendes Stress-Bewusstsein und -Management, mangelhafte Arbeitsorganisation sowie unstrukturierte Entscheidungsprozesse waren die Auslöser dieses Versagens im Team. Standardverfahren (SOPs) wurden ignoriert, vom Kapitän so vorgelebt und geduldet.

Ausbildung und Überprüfung von Piloten und Crews waren bis zum Führungs- und Arbeitsmodell CRM fast ausschließlich auf technisches Wissen und manuelle Fertigkeiten ausgerichtet. Der Faktor Mensch kam so gut wie nicht vor.

Erst durch das gemeinsame Vorgehen von Airlines, Herstellern, Behörden und Wissenschaft entstand das CRM. Es verwandelte die „Helden der Lüfte"

---

[188] Gigerenzer, S. 71 +72

*in verlässliche und anerkannte Teamleiter. <u>Nur sie können ihre Mitarbeiter
zu fehlerarmen Ergebnissen führen.</u>*

*Alle an der Verkehrsluftfahrt beteiligten Gruppen sind sich einig, dass
menschliches Versagen im Luftverkehr nur dank des CRM fast beseitigt ist.[189]*

Zum Thema des Systemversagens hier noch ein Kommentar von Thomas Fischer, ehemaliger Richter am Bundesgerichtshof, zur Systemverantwortung bei der Katastrophe bei der Love Parade in Duisburg:

> ***Die Suche nach den Schuldigen:*** *Das empörte Argument, das könne doch
> nicht sein, oder eine etwas gelehrtere Form, dies sei typisch für Situationen
> „organisierter Verantwortungslosigkeit" und für „Systemversagen" klingt
> gut, ist im Ergebnis aber ziemlich schwach; Die Welt des 21. Jahrhunderts
> besteht nun einmal nicht aus lauter einzeln und isoliert handelnden Perso-
> nen, von denen immer irgendeine eine bestimmte andere Person angreift o-
> der verletzt. Wer eine Welt aus hochgradig vernetzten komplexen Struktu-
> ren, Entscheidungsabläufen, Zuständigkeiten und Verantwortungen baut
> und nutzt, muss damit leben, dass es bei der Aufarbeitung von katastropha-
> len Ereignissen meist nicht zugeht wie im Fernsehkrimi, bei dem am Ende
> immer einer der Mörder ist und man die Guten von den Bösen leicht unter-
> scheiden kann.[190]*

Ein Systemversagen ist damit meist a priori schwer zu beweisen, insbesondere – und das ist ja das, was uns Menschen eigen ist – können wir nicht einzelne Personen zweifelsfrei identifizieren, die im System falsch gehandelt haben, so dass dadurch notwendigerweise die Katastrophe zustande gekommen ist. Dahinter steckt immer der (atavistische) Wunsch nach der Bestrafung des oder der Schuldigen, die uns vielleicht eine Erleichterung verschafft – schließlich kann man eine Maschine oder eine Organisation nicht bestrafen. Das ist höchst unbefriedigend, aber nicht zu ändern. Zumindest sollte man aber aus dem Systemversagen Lehren ziehen für die Zukunft und durch entsprechende Vorschriften die Prozesse verbessern, auch wenn man keinen individuellen Schuldigen herausfiltern kann.

Zusammenfassend sind die nachfolgenden Schlüsse für das Vermeiden menschlichen Versagens zu ziehen, zuerst in unmittelbaren Situationen, in der sich Operatoren in einem Kraftwerk oder Piloten in einem Flugzeug befinden, und dann in mittelbaren Situationen, in der sich Planer, Konstrukteure, Aufsichtsbehörden etc. befinden:

Zunächst für die Bediener solcher Geräte und Anlagen:

- Es muss immer eine grundsätzliche Achtsamkeit für die jeweilige Situation, in der man sich befindet, vorhanden sein, wenn man Anlagen bedient, von denen eine Gefahr für Leib und Leben für den Bediener selbst, oder für Unbeteiligte, oder auch für

---

[189] www.imcockpit.de

[190] In einem Gastbeitrag in der Aachener Zeitung vom 7.5.2020

Sachwerte, ausgeht. Auch im sogenannten Routinebetrieb muss immer eine permanente Aufmerksamkeit vorhanden sein, die sofort erkennt, wenn „etwas aus dem Ruder zu laufen droht." Dies ist in der Praxis nicht immer einfach sicherzustellen, wenn z.B. bei einem langen Interkontinentalflug die Aufmerksamkeit des diensthabenden Piloten nachlässt oder auch des Kapitäns eines Schiffes, das sich wochenlang ohne besondere Ereignisse auf See befindet. Man kann diese Routine aber auch gezielt unterbrechen, um die Achtsamkeit zu bewahren: Durch Übungen, simulierte Störfälle etc.

- Zu dieser Routine gehört auch die permanente Bereitschaft, jede Information, die Ausgangspunkt oder auch Zwischenpunkt einer Entscheidungskette ist, zunächst einmal kritisch zu hinterfragen und auch zu fragen, ob diese Information wirklich richtig und eindeutig ist, oder besser noch einmal (nach)geprüft werden sollte.

- Routine ist grundsätzlich ambivalent: Zum einen dient sie dazu, die Reaktionszeiten aufgrund der persönlichen Erfahrungen in der Vergangenheit zu reduzieren. Zum anderen kann sie aber auch dazu führen, dass wir in einer Situation, die außerhalb unserer Routineerfahrung liegt, uns dessen nicht bewusst werden, dass wir es gerade nicht mit einem Routinefall zu tun haben. Viele Unfälle, Störfälle und Katastrophen sind gerade hierauf wesentlich zurückzuführen.

- Alle Risiken zu erkennen ist eine essentielle Voraussetzung für die Vermeidung von Unfällen (denken Sie an die Truthahn-Illusion). Nur wenn alle Risiken bekannt sind, können entsprechende, risikomindernde Maßnahmen ergriffen werden. Darüber hinaus ist es wichtig, dass wir stets auf der Hut sind und immer mit den gegebenen Risiken rechnen – was uns nicht garantiert, dass keine neuen Risiken hinzukommen.

- Man muss für eine positive Fehlerkultur sorgen, damit das Unternehmen, die Organisation und die beteiligten Individuen die Chance haben, aus den Fehlern der Anderen zu lernen und in Zukunft spezifische Fehler zu vermeiden. Eine negative Fehlerkultur hingegen, die auf Angst beruht, führt dazu, dass Fehler wiederholt werden und die Organisation oder die Individuen nicht aus ihnen lernen können.

- Die permanente Nutzung von Checklisten ist essentiell. In diesen Listen steckt praktisch die gesamte Erfahrung der Vergangenheit, und sollte wie eine Litanei immer wieder verwendet werden. Auch hier ist die Luftfahrt wieder ein sehr gutes Beispiel. Wichtig ist weiterhin, dass dieses Durchgehen der Checklisten schriftlich dokumentiert wird.[191]

- Man sollte einfache Regeln nutzen, wie beispielsweise: „Kollisionskurs, wenn die Peilung steht" in der Seefahrt, oder in der Luftfahrt: „Wenn ein Punkt im Cockpitfenster nach oben wandert, kann man ihn nicht mehr erreichen". Wenn die Zeit für die „Procedures" zur Vermeidung eines Unfalls zu knapp ist, erlauben diese Faustregeln eine schnellere Reaktion, wie wir bei der Landung auf dem Hudson River gesehen haben.

---

[191] Würde man z.B. jedes Mal eine Checkliste durchgehen, wenn man die Wohnung oder das Haus verlässt, bräuchte man sich nachher nicht mehr zu fragen, ob man beispielsweise tatsächlich den Herd abgestellt hat und alle Lichter aus sind.

Selbst beim Besteigen eines Autos sollten bestimme Checklisten durchgegangen werden – was aber i.d.R. aus Bequemlichkeit nicht geschieht, bzw. unbewusst abläuft.

- Aus Unfällen und besonderen Ereignissen lernen. Dies ist – wieder - in vorbildlicher Weise in der Luftfahrt heute schon der Fall. Alle Untersuchungsberichte über Vorfälle, Unfälle oder Katastrophen werden an alle wichtigen Teilnehmer im Flugverkehr weitergeleitet (Fluggesellschaften, Flughäfen, Flugzeughersteller etc.). Dort werden – wenn das für notwendig erachtet wird - neue Verhaltensregeln erstellt, z.B. für Flugzeugbesatzungen oder auch für Flugcontroller. In wichtigen Fällen werden auch die Trainings der Simulatoren angepasst, damit sich eine Crew auf eine – neu vorgefallene – kritische Situation vorbereiten kann.

Und jetzt für die „vor- und nachgelagerten Stellen" wie Regel-erstellende Behörden, Planer und Konstrukteure, Betreiber und Prüfer solcher Geräte und Anlagen:

- Die Geräte und Anlagen müssen, wenn sie geplant, konstruiert, in Betrieb genommen werden und auch während des Betriebs permanent nach den neuesten Erkenntnissen und Erfahrungen gestaltet, gepflegt und nötigenfalls auch modifiziert werden. Dies geschieht durch Kenntnisnahme, Analyse und Auswertung aller relevanten Berichte wie Unfalluntersuchungsberichte[192], Risikoanalysen, Szenarien und Simulationen.

- Insbesondere die Betreiber dieser Anlagen, aber auch die aufsichtführenden Behörden, müssen sicherstellen, dass nur für die jeweiligen Geräte und Anlagen geschulte, trainierte und durch Audits immer wieder überprüfte Mitarbeiter hier zum Einsatz kommen. Diese Mitarbeiter müssen auch permanent nachgeschult werden, wenn neue Erkenntnisse gewonnen wurden, z.B. über spezielle Trainings, in Simulatoren usw.

- In allen komplexen Anlagen sind eher Teams am Werk als Individuen. Deshalb müssen die Informations-, die Kommunikations- und die Entscheidungsprozesse in solchen Gruppen für den Krisenfall optimal definiert und in der Praxis befolgt werden (s. bei dem Schiffsunfall in der Chesapeake Bay den ersten Offizier, der seinen Kapitän nicht informiert hat). Hierzu zählt auch die bei einigen Airlines geübte Praxis, dass ein Kopilot einen Kapitän überstimmen kann, wenn er den Eindruck gewonnen hat, dass dieser falsch agiert oder agieren will.

- Last but not least müssen die Unternehmen, die Behörden und auch die übergeordneten Stellen soweit wie möglich sicherstellen, dass die beteiligten Individuen auch voll und ganz in der Lage sind, einer kritischen Situation in geeigneter Weise zu begegnen. Dazu zählen die Vorgabe ausreichender Ruhezeiten, und Schulung der Verhaltensweisen (hier nicht der technische, sondern mehr der gruppendynamische Part). Dazu zählt

---

[192] So gibt es bei der EU ein zentrales Informationsnetzwerk, die MARS-Datenbank, die vom „Major Accident Hazards Bureau" (MAHB) beim Joint Research Center (JRC) in ISPRA betreut wird. Diese Datenbank hat mehr als 600 Ereignisse erfasst, von denen 50% als „menschliches Versagen" – „Cause Human" – klassifiziert sind.

aber auch das Erkennen und das schnelle Reagieren auf psychische Anomalien, die in die Katastrophe führen könnten.[193]

Mit diesen Empfehlungen soll dieses Buch nunmehr abgeschlossen sein und es bleibt dem Autor nur zu hoffen, dass die Betreiber unserer technischen Meisterleistungen weiterhin durch ihren hohen persönlichen Einsatz und durch entsprechende Schulungen und durch ständige Achtsamkeit in der Lage sein werden, uns diese Technik gefahrlos dienlich zu machen und nicht den – bösen – Geist aus der Flasche zu lassen!

---

[193] Wie beispielsweise beim Kopiloten der Germanwings-Maschine, der 2018 seine Maschine zum Absturz brachte.

Quellenverzeichnis

Jeder intelligente Narr kann Dinge größer, komplexer und gewaltiger machen.
Es gehört aber eine Menge Inspiration und Mut dazu,
sich in die gegenteilige Richtung zu bewegen.[194]

- Burckhard, Martin (2018). *Philosophie der Maschine.* Berlin: Matthes & Seitz Berlin.

- Dehaene, Stanislas (2014). *Denken.* München: Knaus Verlag.

- Dennett, Daniel C. (2018). *Von den Bakterien zu Bach – und wieder zurück.* Berlin: Suhrkamp Verlag.

- Eidemüller, Dirk (2012). *Das nukleare Zeitalter.* Stuttgart: S. Hirzel Verlag.

- Eidemüller, Dirk (2017). *Quanten, Evolution Geist.* Berlin: Springer Verlag.

- Gardinier, John (1981). *Ship navigational Failure Detection and Diagnosis.* New York: Plenum publishing Corp.

- Gierer, Alfred (1985). *Die Physik, das Leben und die Seele.* München: Piper Verlag.

- Gigerentzer, Gerd (2016). *Risiko.* Hamburg: Zeitverlag Gerd Bucerius.

- Higginbotham, Adam (2019). *Mitternacht in Tschernobyl.* Frankfurt a.M.: Fischer Verlag.

- Hofstaeder, Douglas (1985). *Gödel, Escher, Bach.* Stuttgart: Verlag Klett-Cotta.

- Kluge (2002). *Etymologisches Wörterbuch der Deutschen Sprache.* Berlin: De Gruyter.

- Kraft, Manfred (1882). *Ergebnisse der Energieforschung.* Stuttgart: Wissenschaftliche Verlagsgesellschaft mbH.

---

[194] Albert Einstein

- Liu, Cixin (2017). *Die drei Sonnen*. München: Heyne Verlag.

- Lotto, Beau (2018). *Besser sehen*. München: Goldmann Verlag.

- Lukrez, (2014). *Über die Natur der Dinge*. Neu übersetzt von Klaus Binder. München: dtv Verlagsgesellschaft.

- Nörretranders, Tor (1997). *Spüre die Welt. Die Wissenschaft des Bewusstseins*. Hamburg: Rowohlt Verlag.

- Perrow, Charles (1984). Normal Accidents. New York: Basic Books.

- Popper, Karl & Eccles, John (1977). Das Ich und sein Gehirn. München: Piper Verlag.

- Rupprecht, Werner (2014). Einführung in die Theorie der kognitiven Kommunikation. Wiesbaden: Verlag Springer Vieweg.

- Wagner, Friedrich (1964). *Die Wissenschaft und die gefährdete Welt*. München: C.H. Beck Verlag.

Die folgende Webseiten wurden außerdem benutzt:

- www.systemics.us.
- www.philosophie.ch
- www.hermetic-international.com.
- www.ntsb.com
- www.imcockpit.de
- www.wikipedia.de

DIE ANSAGE:
Eine Allegorie auf die ratlosen Experten.
Druck eines farbigen Originalgemäldes in schwarz-weiß von Astrid